HISTOIRE NATURELLE DE LA FRANCE

12ᵉ PARTIE

PAPILLONS

MUSÉE SCOLAIRE DEYROLLE

HISTOIRE NATURELLE

DE LA

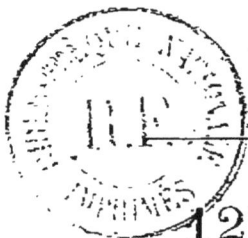

FRANCE

12ᵉ PARTIE

PAPILLONS

AVEC 27 PLANCHES

PAR

BERCE

EX-PRÉSIDENT DE LA SOCIÉTÉ ENTOMOLOGIQUE DE FRANCE

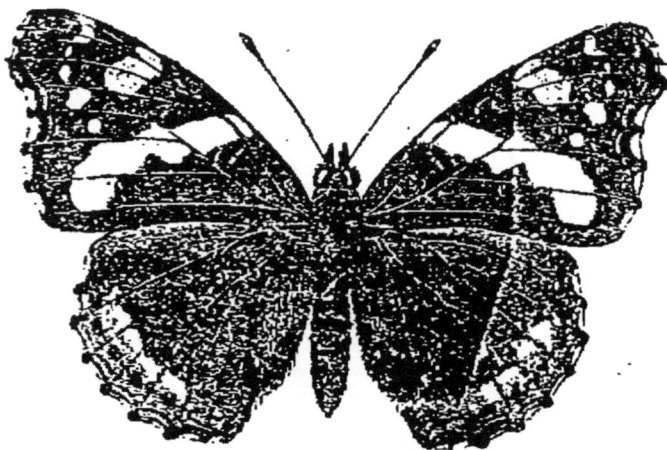

PARIS

ÉMILE DEYROLLE, NATURALISTE

23, rue de la Monnaie.

INTRODUCTION

Dans la méthode de classification des animaux on a séparé sous le nom d'*Insectes*, toute une classe d'êtres vivants qui est caractérisée par la présence de trois paires de pattes, d'ailes (sauf quelques exceptions dont nous reparlerons) et d'antennes, en ne nous tenant qu'aux organes qui frappent de suite la vue de l'observateur. La tête possède toujours deux yeux immobiles et composés, et un organe spécial appelé bouche.

La classe des insectes se divise elle-même en plusieurs ordres séparés suivant les métamorphoses, la nervation des ailes, la nature de celles-ci, etc.

L'un de ces ordres, celui dont nous allons nous occuper, est l'ordre des *Lépidoptères*, vulgairement appelés papillons. Tous les renvois aux figures, dans cette introduction, se rapportent à la planche A.

Les lépidoptères ont des métamorphoses complètes, et quatre ailes recouvertes sur les deux faces, de petites écailles colorées semblables à une poussière fugace. La *spiritrompe* (*Fig.* 1 C) est une trompe plus ou moins longue, enroulée parfois en spirale, qui leur sert à pomper pour ainsi dire la nourriture ;

elle est placée entre deux organes cylindriques ou coniques composés de trois articles chacun, et insérés sur une lèvre fixe; on les nomme *palpes* (*Fig.* 1 D). Une pièce appelée *épaulette* (*Fig.* 2 2) est située à la base des ailes supérieures et en dessus. L'abdomen est dépourvu d'aiguillon, et les sexes sont souvent forts différents.

Dans sa vie évolutive, le lépidoptère se présente sous quatre états : l'œuf, la chenille, la chrysalide et l'insecte parfait ou papillon.

La femelle pond ses *œufs* en les déposant isolément ou par groupes sur la plante qui doit nourrir les futures jeunes chenilles ; ces œufs sont visqueux et se collent naturellement à la place où ils sont déposés. Après la période qu'on peut appeler d'incubation où la chaleur atmosphérique fait office de couveuse, la jeune *chenille* (deuxième état) découpe avec sa bouche une sorte de calotte dans l'œuf, et en sort pour prendre sa nourriture. Elles ont le corps allongé, plus ou moins cylindrique, composé de douze segments ou anneaux, d'une tête écailleuse, luisante, et sont munies de pattes symétriquement placées, au nombre de cinq paires (minimum) à huit paires (maximum). Les pattes sont de deux sortes. les *pattes écailleuses* ou *vraies pattes* au nombre de six, et de consistance cornée, sont placées près de la tête sous les trois premiers anneaux et deviendront celles du papillon. Les *pattes membraneuses* ou *fausses pattes* sont des espèces de mamelons sus-

ceptibles de s'allonger, de se dilater et de se raccour-
cir; elles sont en nombre variable de quatre à dix,
suivant les genres de papillons, et sont placées sous
les anneaux intermédiaires, sauf la dernière paire
appelée *anale*, la plus éloignée de la tête et le plus
ordinairement placée à l'extrémité du corps.

La chenille possède des mâchoires pour broyer
les matières dont elle se nourrit, et au milieu de la
lèvre inférieure on aperçoit un petit mamelon percé
d'un trou appelé filière, par où sort la soie que filera
la chenille. Les chenilles sont tantôt lisses, tantôt
garnies de poils, de tubercules, d'épines ou même
de sortes de cornes placées tantôt à l'avant, tantôt
à l'arrière du corps. En grossissant, et avant de se
transformer, la chenille se dépouille plusieurs fois
de sa peau qu'elle abandonne, ce sont les mues.

Arrivée à tout son développement, la chenille
cesse de manger, se décolore, cherche un endroit
favorable, se dépouille de sa peau, et prenant une
forme plus ou moins ramassée passe à son troisième
état, celui de *chrysalide* (*Fig.* 3). Suivant les genres,
la chrysalide est nue ou enveloppée d'un réseau de
soie filé par la chenille, qui s'enferme ainsi dans un
cocon (*Fig.* 4); exemple celui du ver à soie.

En cet état, la chenille devenue chrysalide (*Fig.* 15,
16, 17, 18, 19, 20, 21, 22) ne se nourrit plus et reste
immobile à moins qu'on n'y touche. Au bout d'un
certain temps, l'enveloppe coriace ou *coque* de la
chrysalide est rompue, et le papillon (quatrième état)

sort en s'ouvrant un passage dans le cocon s'il en existe. Les ailes sont alors molles et plissées ; mais au contact de l'air, ces ailes s'étalent, se sèchent, deviennent rigides, et l'insecte parfait prend son essor. Ces quatre états, forment ce que l'on appelle les métamorphoses du lépidoptère.

À l'état parfait, le corps des lépidoptères se compose de la tête, du thorax et de l'abdomen. Le thorax porte toujours, sauf quelques exceptions, quatre ailes membraneuses et six pattes.

La tête, arrondie, comprimée en avant, porte deux yeux (*Fig.* 1 A), grands, composés d'innombrables facettes et bordés de poils. À la partie supérieure, sont les *yeux lisses* ou *stemmates* (*Fig.* 14 S S) qui n'existent que chez les papillons nocturnes. En avant des yeux, sont des organes appelés *palpes*, dont deux petits les *supérieurs*, et deux grands les *inférieurs* (*Fig.* 5 et 6), composés de trois articles dont le dernier est souvent en pointe aiguë.

La *spiritrompe* ou *trompe*, située entre les palpes, se compose de deux filets plus ou moins longs, cornés, concaves et engrenés, formant trois petits canaux ; elle sert à l'absorption des sucs nutritifs, et est roulée en spirale entre les palpes. Lorsque le papillon s'en sert, il la développe en arc pour l'introduire dans le calice des fleurs. Les *antennes* (*Fig.* 1 B et *Fig.* 7 et 8) sont situées en avant de chaque œil ; il y en a deux. Elles se composent d'un grand nombre d'articles de forme variable.

Le *thorax* ou *corselet* est formé de trois segments intimement unis ; le premier ou antérieur, très court, en forme de collier, porte le nom de *prothorax* (*Fig.* 2 1) ; le second ou médian celui de *mésothorax* (*Fig.* 2 3) ; le troisième ou postérieur celui de *métathorax* (*Fig.* 2 4) ; ces deux derniers toujours soudés ensemble et paraissant ne former qu'une pièce. En dessus du métathorax existe une petite pièce triangulaire appelée *écusson*. La partie supérieure du thorax (là où l'on pique l'épingle) s'appelle le *dos*, et l'inférieur, la *poitrine*. Celle-ci porte les six pattes, qui se composent de plusieurs pièces : 1° la *hanche* (*Fig.* 9 D), 2° la *cuisse* (*Fig.* 9 C), 3° la *jambe* (*Fig.* 9 B) et 4° le *tarse* (*Fig.* 9 A) composé de cinq articles mobiles, et terminé par un double crochet (*Fig.* 22) servant à la préhension.

Les ailes attachées à la partie supérieure du thorax sont toujours au nombre de quatre, excepté chez quelques familles où elles sont à l'état rudimentaire et impropres au vol. Chacune d'elles, considérée à part, consiste en deux lames membraneuses intimement unies entre elles par leur face interne, et divisées en plusieurs parties distinctes par des filets cornés plus ou moins saillants nommés *nervures*. Les ailes sont recouvertes en dessus et en dessous d'écailles très fines juxtaposées (quelquefois assez éparses) qui s'enlèvent facilement au toucher ou par suite du frottement quand le papillon a beaucoup volé.

Examinons les deux ailes de droite d'un lépidoptère (*Fig.* 10) du genre Papilio. La première, *aile supérieure*, a une. forme presque triangulaire avec les angles arrondis ; il y a donc trois angles principaux et trois côtés ou bords. Le premier angle (*Fig.* 10 O) se nomme la *base* et s'articule avec le thorax ; le second s'appelle *angle apical* ou *externe* (*Fig.* 10 M) ; on nomme le troisième *angle interne* (*Fig.* 10 N). Le bord supérieur, *externe* ou *antérieur* a aussi reçu le nom de *côte* (*Fig.* 10 OAM) ; on désigne le bord (*Fig.* 10 ON) sous le nom d'*interne* ou *postérieur*, et le troisième est le bord *marginal* ou *terminal* (*Fig.* 10 MN).

Il y a quatre nervures principales partant de la base de l'aile et se ramifiant ; la première se nomme *nervure costale* (*Fig.* 10 A) ; la deuxième, qui se réunit souvent à la première, est la *sous-costale* ; la troisième se nomme *médiane* (*Fig.* 10 B). Celle-ci fournit trois ou quatre nervures secondaires qui se prolongent sans se ramifier jusqu'à l'extrémité de l'aile. L'espace qu'elle laisse entre elle et la costale se nomme *cellule*. Cette cellule est soit ouverte, soit fermée au point c. (*Fig.* 10 OBC).

La seconde aile, l'inférieure, porte les mêmes noms quant aux angles, sauf l'angle O, appelé l'*angle anal* (*Fig.* 10 O) ; le bord m k est le *bord antérieur* (*Fig.* 10 MK), et MO le *bord abdominal* (*Fig.* 10 MO).

Les nervures de l'aile inférieure sont placées

d'une façon analcogue et ont reçu les noms de *costale* (*Fig.* 10 a), *sous-costale* (*Fig.* 10 p), *médiane* (*Fig.* 10 r) et *abdominale* (*Fig.* 10 s); dans certaines espèces de lépidoptères il existe une cinquième nervure entre la troisième et la quatrième, que l'on appelle *inter-abdominale*.

Toute tache partant de la côte est nommée *costale* (*Fig.* 11 A); si elle se prolonge au delà du tiers de l'aile, elle devient *bande costale*; plus prolongée encore, on l'appelle *bande transverse*. Par extension, chez les Piérides, on appelle *tache costale* une petite tache noire (*Fig.* 11 B) placée au bout de la cellule; de même on nomme *tache apicale*, celle qui se trouve dans la région apicale sans toucher l'angle de ce nom.

Dans la figure 12, la ligne A s'appelle *basilaire* (*Fig.* 12 A); la ligne B, *médiane* (*Fig.* 12 B) et la ligne C, l'*anté-terminale* (*Fig.* 12 C).

On appelle *point* un dessin ordinairement arrondi (*Fig.* 12 D), occupant peu d'espace; plus grand, c'est une *tache*; la forme devenant allongée, on l'appelle *bande*; on emploie encore dans la description des dessins des ailes des papillons les mots de *ligne*, de *trait* qui est une ligne courte, et de *strie* si la ligne est mince et très courte.

Une ligne ou bande est *longitudinale* si elle est parallèle aux nervures; *transverse*, si elle les croise à peu près à angle droit, et *oblique* dans les autres cas.

Une tache arrondie portant en son milieu un point de couleur différente reçoit le nom d'*œil* (*Fig.* 13). Le pont s'appelle *pupille* (*Fig.* 13 a), le cercle qui l'encoure *prunelle* (*Fig.* 13 b); si la prunelle est entourée d'un cercle nouveau, celui-ci prend le nom d'*iris* (*Fig.* 13 c); les autres dessins entourants s'appelent simplement *cercles* (*Fig.* 13 d).

Une tache en forme de croissant est une *lunule*.

Avec ces indications sommaires, il sera facile de comprendre les descriptions que nous offrons dans ce volume.

Nous allons donner maintenant quelques détails sur la classification des lépidoptères, avant de passer à leur description

Les lépidoptères se divisent en deux légions se différenciant de la manière suivante : 1° les *Rhopalocères*, chez lesquels les quatre ailes ou au moins les supérieures sont redressées de façon à se toucher pendant le repos; ils n'ont pas d'yeux lisses ou stemmates et ont le vol diurne ; 2° les *Hétérocères* ont les ailes non elevées dans le repos et des yeux lisses, pour la plupart.

Les Rhopalocères se divisent en trois sections, suivant que les chrysalides sont trouvées :

1° Attachées par la queue et par un lien transversal en forme de ceinture; cette section comprend les *Papilionides*, *hérides*, *Lycœnides et Erycinides* ;

2° Suspendues seulement par la queue; cette section renferme les *Nymphalides, Scyrides et Liby-théides* ;

3° Renfermées dans une coque ; ette section ne se compose que des *Hespérides.*

Il faut remarquer ici, que nous n nous occupons que des lépidoptères de France, et que cette classification ne comprendrait pas ceux de autres contrées du globe.

Les Hétérocères comprennent les autres papillons et se divisent en sections, suivant la forme des antennes, du corps, des ailes, des chrysalides, ou des chenilles, etc., le nombre de pattes de ces dernières, leur manière de vivre, etc., etc.

Cette légion qui est de beaucoup l plus nombreuse renferme les sections principales suivantes : *Sphin-gides, Séséides, Bombycides, Chéloides, Saturnides, Zygénides, Noctuélides, Catocalide, Plusides, Pha-lénides, Géométrides, Pyralides* et es *Microlépidop-tères.*

Nous n'exposerons pas ici les caractères qui différencient toutes ces sections ; on les trouvera dans ce volume en tête de chacune de ces divisions.

Arrêtant ici ces considérations péliminaires, nous commençons immédiatement les escriptions.

PAPILLONS

L'ordre des **Lépidoptères** se divise en deux grandes familles.

Chenilles à huit paires de pattes. — Chrysalides nues, souvent anguleuses, suspendues en plein air. — Antennes terminées en massue ou en bouton à leur extrémité. — Point de crin à la naissance des ailes inférieures. — Ailes relevées dans le repos. — Insecte parfait volant en plein jour. — **Rhopalocères** ou **Diurnes**.

Chenilles ayant de cinq à huit paires de pattes. — Chrysalides presque toujours enterrées ou enfermées dans une coque. — Antennes de forme très variable, jamais terminées en bouton. — Un crin à la base des secondes ailes. — Ailes presque toujours horizontales dans le repos. — Insecte parfait volant après le coucher du soleil, quelquefois le jour. — Femelle différant souvent beaucoup des mâles. — **Hétérocères** ou **Nocturnes**.

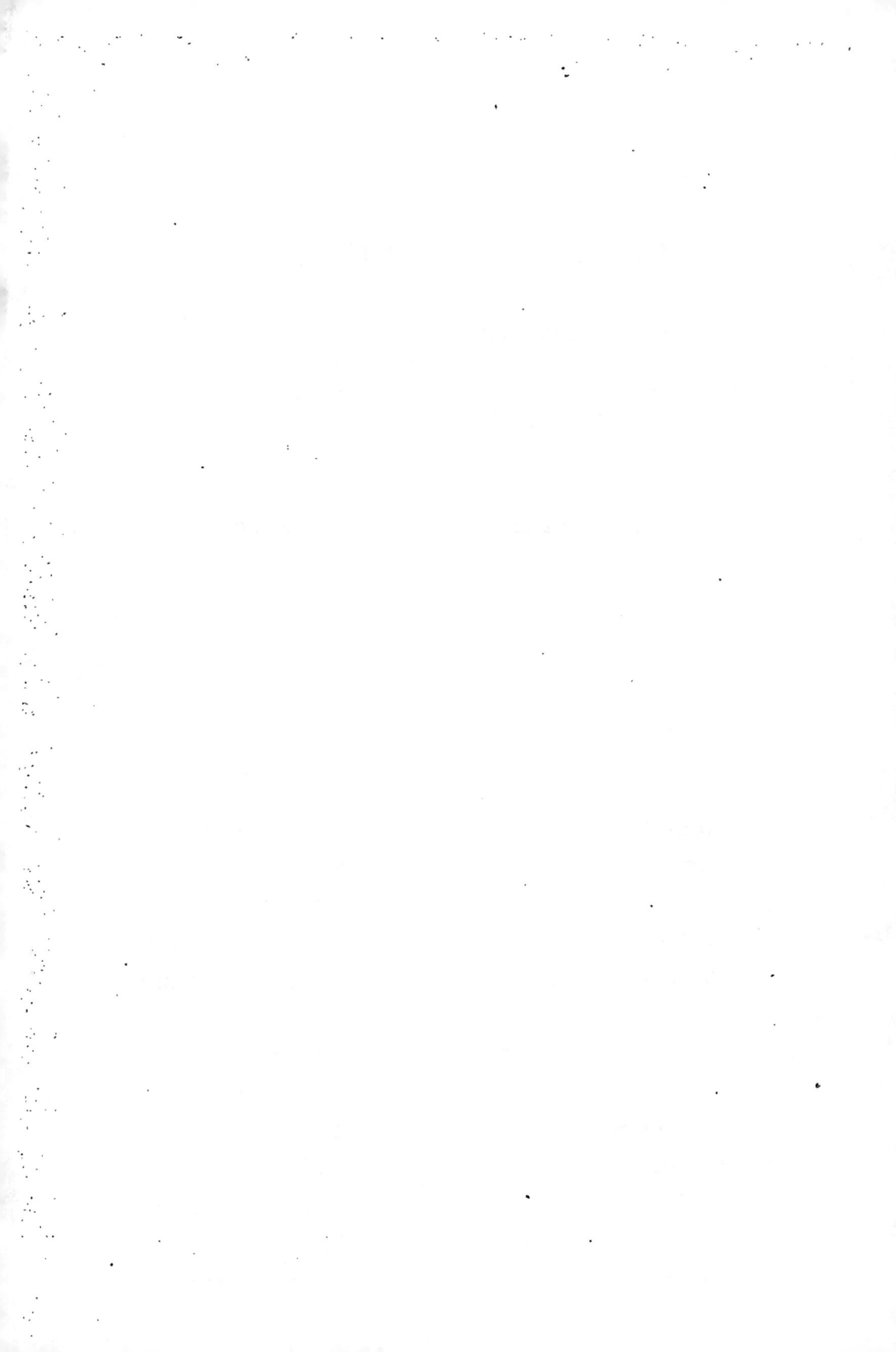

PREMIÈRE FAMILLE

Chenilles à seize pattes. Chrysalides attachées par la queue et par un lien transversal au milieu du corps. **Papilionidæ.**
Chrysalides suspendues par la queue seulement. **Nymphalidæ.**
Chrysalides enveloppées entre les feuilles dans un léger réseau de soie. **Hesperidæ.**

Rhopalocères (*Antennes en massue*)

DIURNES

***

Papilionidæ.

Les papillons de cette tribu ont six pattes propres à la marche dans les deux sexes, les antennes très rapprochées, le bord abdominal des ailes inférieures concave, le crochet des tarses simple — Les chenilles sont pourvues de deux tentacules rétractiles placées sur le premier anneau.

L'espèce la plus répandue du G. **Papilio** est le *P. Machaon,* FF. 1, 106 (Pl. 1, fig. 1), le *grand Porte-Queue,* belle et grande espèce que tous les débutants tiennent à posséder; elle est jaune avec la côte chargée de trois grandes taches noires, et une bande terminale noire ornée d'une série de huit taches jaunes; les inférieures ont également une bande noire, au bord externe, décorée de

taches bleues, et à l'angle anal une tache d'un fauve
rouge, surmontée d'un croissant violet blanchâtre. Queues
des inférieures noires à l'extrémité. Assez commun dans
les champs et les jardins, chenille (Pl. XXIII, fig. 1) sur la
carotte sauvage et cultivée, sur le fenouil. Le *P. Alexanor*
FF. 1, 106 (Pl. I, fig 2), beaucoup plus rare parce qu'il
est pour ainsi dire confiné dans la Provence et les environs de Digne ; 70 à 75 mill. Ailes d'un beau jaune avec
le bord terminal et quatre bandes sur les supérieures,
dont deux sur le disque très courtes, et une sur les inférieures noires. La bordure terminale de ces mêmes ailes
est sinuée intérieurement et saupoudrée d'atomes bleus.
Angle anal avec un œil noir, entouré de bleu, au-dessous
duquel est une tache fauve. Queues noires bordées de
jaune en dedans. La chenille vit sur le *seseli montanum*
et quelques autres ombellifères alpines. Une troisième
espèce, également recherchée par les jeunes amateurs
sous le nom de *flambé*, est le *P. Podalirius*, FF. 1, 105
(Pl. I, fig. 3), qui est de la taille des deux précédents,
mais qui s'en distingue par sa couleur d'un jaune pâle,
son port général plus allongé, plus élégant, ses queues
plus longues, noires avec l'extrémité jaune, l'œil de
l'angle anal noir pupillé de bleu et surmonté d'une
tache fauve. La chenille ne vit point sur les ombellifères
comme ses congénères, mais sur différents arbres et arbustes tels que prunellier, aubépine, pêcher, abricotier,
en juin et septembre. Papillon en mai, juillet et août,
dans les bois et les jardins.

Les **Thaïs** se distinguent de tous les diurnes par un
facies tout particulier; leurs ailes sont jaunes avec de
nombreuses taches noires et rouges ; elles habitent les

contrées méridionales et volent dans les champs et les prairies en avril et mai. Leurs chenilles, qui sont ornées de six rangées d'épines charnues, sont propres aux aristoloches. *T. Polyxena* var. *Cassandra*, 50 mill., FF. 1, 107 (Pl. I, fig. 4). Ailes d'un jaune pâle, les supérieures avec une ligne terminale profondément festonnée, précédée d'une bande noire, étroite, atteignant les deux bords, la cellule contenant quatre grosses taches noires, les inférieures avec une bordure festonnée comme aux supérieures, mais plus largement et moins profondément; cette bordure précédée d'un espace noir marqué de cinq points bleus surmontés d'autant de taches rouges, et à la côte une tache noire divisée en deux par un trait rouge. Plusieurs taches noires sur le disque et dans la cellule.— Sa congénère *T. Rumina*, var. *Medesicaste*, FF. 1, 107 (Pl. I, fig. 5) en diffère par sa couleur qui est d'un beau jaune serin, ses ailes plus larges, plus arrondies avec de nombreuses taches *noires et rouges sur les quatre ailes*, et deux ou trois taches apicales *blanches* sur les supérieures. Nous ne pouvons nous dispenser de dire un mot de la belle et rare variété *Honoratii*, FF. 1, 108 (Pl. I, fig. 6) chez laquelle la plupart des taches noires ont disparu sur les supérieures où elles sont remplacées par de larges taches d'un carmin vif, bordées de noir, et sur les inférieures par le disque entier de la même couleur. Cette variété, qui paraît habiter exclusivement les environs de Digne, s'obtient quelquefois en élevant une grande quantité de chenilles de *Medesicaste*.

Le G. **Parnassius** forme également un petit groupe particulier aux régions montagneuses et qui tranche avec ses voisins ; les antennes sont courtes, terminées en massue ovoïde, allongée, la tête petite, les palpes plus longs que la tête, le corps épais, velu, l'abdomen des femelles muni d'une poche cornée, les ailes parcheminées, à nervures saillantes, à contours arrondis non dentés, presqu'entièrement dénudées d'écailles en dessous et vers le sommet en dessus. Les chenilles, qui ressemblent assez à celles du G. *Papilio*, vivent solitaires sur les saxifrages et les sédums et se chrysalident dans un léger tissu de soie entre des feuilles ; elles habitent les montagnes des Alpes, des Pyrénées et des Vosges. Le *P. Apollo*, FF. 1, 108 (Pl. I, fig. 7), l'*Apollon* est une grande et belle espèce de 70 à 80 mill. à ailes blanches, les supérieures avec la côte et la base pointillée de noirâtre et quatre ou cinq grosses taches noires dont une au milieu du bord interne, et au bord externe, une bande d'atomes noirs. Inférieures avec une bande semblable et trois à quatre taches, dont deux grandes, rondes, d'un rouge vif, cerclées de noir et pupillées de blanc. Assez commun en juin et juillet. — *P. Delius*, 62 mill., FF. 1, 109 (Pl. I, fig. 8), le *Phaebus* très voisin d'Apollon, plus petit, ailes plus blanches, les deux taches noires de l'extrémité de la cellule, ou au moins la supérieure, marquées de rouge, taches rouges des inférieures petites ; cerclées de noir. Alpes de la Savoie en juillet, moins répandu qu'Apollon. *P. Mnemosyne*, 60 mill., FF. 1, 109 (Pl. I, fig. 9), le *semi-Apollon* diffère des deux précédents par l'absence de taches rouges sur les deux ailes. Montagnes de la Suisse et de la Savoie.

Pieridæ.

Papillons blancs ou jaunes avec des taches noires.

Antennes à tiges annelées de noir et de blanc et terminées par une massue en forme de poire, palpes grêles, ailes entières, arrondies, avec des points et des taches noires. Chenilles avec des poils fins, à corps allongé, à tête petite et globuleuse, vivant principalement sur les plantes basses, et surtout sur celles nommées potagères, telles que choux, navets, raves, capucines, etc. Elles causent souvent de grands dégâts dans nos cultures. Chrysalides terminées antérieurement par une seule pointe avec le dos renflé et souvent caréné.

Le G. **Leuconea** séparé des piérides, a la tige des antennes d'une seule couleur, et sa chenille vit sur les arbres et arbustes. *L. Crataegi*, 65 mill., FF. 1, 110 (Pl. I, fig. 10), la *Piéride gazée* a les ailes blanches, arrondies, avec l'extrémité dépourvue d'écailles et les nervures noires ; la chenille vit en société en avril et mai, sur les arbres fruitiers, le prunellier, l'aubépine.

Le G. **Pieris** a les caractères de la tribu, les chenilles sont pubescentes et vivent sur les crucifères ; les chrysalides sont anguleuses et terminées antérieurement par une pointe aiguë. L'espèce la plus redoutable pour nos potagers est, *P. Brassicæ*, 65 mill., FF. 1, 110 (Pl. II, fig. 1). *Piéride du chou.* Ailes blanches avec la base et la côte un peu obscurs, l'angle apicale largement noir et une tache noire au bord interne des inférieures qui ont le dessous jaune sablé de noir. La ♀ a deux grosses taches noires l'une au-dessus de l'autre entre le milieu et le bord externe et une troisième en forme de raie au bord interne. Commun pendant toute la belle saison, chenille (Pl. XXIII, fig. 2). — *P. Rapæ*, FF. 1, 111 (Pl. II, fig. 2), *Piéride de la rave*, diffère de la précédente par sa taille, plus petite, et par son angle apical plus légèrement noir, chenille sur la rave et la capucine. — *P. Napi*, FF. 1, 111 (Pl. I, fig. 11). *Piéride du navet*, se distingue principalement par le dessous des inférieures qui est veiné de noir verdâtre suivant les nervures. P. *Daplidice*, FF. 1, 112 (Pl. II, fig. 3) fait le passage au genre suivant par le dessous de ses ailes inférieures qui est d'un jaune verdâtre marbré de taches blanches. Chenille sur les crucifères et les résédacées en juin et septembre.

Les **Anthocharis** ont les antennes plus ou moins courtes, à tige d'une seule couleur, terminées par une massue ovale. Chenilles semblables à celles du G. *Pieris*, à chrysalides pointues aux deux bouts. — C'est dans les premiers beaux jours de mai que l'on voit voler dans les prairies et les allées des bois, la jolie espèce à laquelle on a donné le nom d'*Aurore*. *A. cardamines*, 43 mill., FF. 1, 114 (Pl. II, fig. 4). Ses ailes sont blanches, arrondies, avec l'angle apical des supérieures décoré d'une grande tache aurore et une lunule centrale noire ; le dessous des inférieures est d'un blanc marbré de vert et de jaune. La ♀ n'a pas de tache aurore, mais le sommet est largement saupoudré de noirâtre. Commun dans les bois en mai. Chenille en juin et juillet sur différents crucifères. — *A. Eupheno*, FF. 1, 115 (Pl. II, fig. 5). Taille un peu petite. Les quatre ailes d'un beau jaune ; les supérieures avec un point discoïdal noir et une large tache apicale aurore encadrée de noirâtre, ♀ avec les ailes blanches, les supérieures avec une lunule centrale noire, et leur extrémité orangée divisée par des traits bruns. Midi de la France en avril et mai. Chenille sur la *biscutella dydima*. — Les espèces suivantes n'ont pas de taches aurore, mais le dessous des ailes inférieures est toujours marbré de vert jaunâtre et de blanc, souvent de taches nacrées. — *A. Belia*, 40 mill., FF. 1, 113 (Pl. II, fig. 6). Ailes supérieures anguleuses, blanches, avec le sommet noir traversé par une bande. Tache costale large; côte piquetée de noir. Inférieures unicolores en dessus, ayant le dessous d'un vert foncé, avec beaucoup de taches *d'un blanc nacré*, ♀ avec le dessous des inférieures un peu jaunâtre. Cette espèce, propre au Midi, se prend quelquefois jusque dans le centre de la France. — *A. Ausonia*, FF. 1, 113 (Pl. II, fig. 7). Un peu plus grande; côte non piquée de noir; dessous des inférieures d'un vert jaunâtre, avec des taches blanches plus grandes et sans reflet nacré. Midi et Centre de la France, se prend jusqu'à Fontainebleau. — *A. simplonia*, FF. 1, 113 (Pl. II, fig. 8), *Piéride du Simplon*, est une variété alpine ayant les ailes plus arrondies, la côte fortement saupoudrée de noir et le dessous des inférieures plus vert et moins saupoudré de jaune.

Le G. **Leucophasia** a la tête assez grosse, les palpes écartés, peu velus, les antennes peu allongées, terminées par une massue courte, l'abdomen grêle beaucoup plus long que les ailes inférieures. — *L. Sinapis*, 38 mill., FF. 1, 115 (Pl. II, fig. 9), *Piéride de la moutarde*. Ailes minces d'un blanc pur; sommet des supérieures orné d'une tache arrondie, noirâtre; dessous des inférieures d'un blanc jaunâtre avec deux bandes d'un gris cendré. — La variété *Erysimi* est une femelle sans tache apicale noire. Chenille sur les *lotus, vicia, lathyrus*. Cette élégante espèce est commune dans les bois, les prés et les jardins.

Les **Colias** ont les ailes très arrondies, d'un jaune plus ou moins foncé, sablées de noirâtre à la base, avec une tache rose ou ferrugineuse à la base des inférieures, en dessous ; les palpes velus, peu comprimés, les antennes courtes à massue distincte. Les chenilles sont chagrinées, cylindriques, légèrement pubescentes, elles vivent sur les trèfles et les luzernes ; les chrysalides ont le ventre saillant et leur partie antérieure terminée en pointe aiguë, droite. — *C. Edusa*, FF. 1, 119 (Pl. II, fig. 10), 45 mill. Cette espèce connue sous le nom de *Souci*, n'est pas rare en mai, août et septembre ; elle est d'un jaune serin avec une large bordure noire divisée par des nervures jaunes au sommet des supérieures, et une tache sur le disque noire et ronde. La ♀ a la bordure des supérieures entrecoupée de taches jaunes. La variété *Hélice* est une femelle dont la couleur des ailes est blanchâtre ainsi que les taches de la bordure ; elle se prend quelquefois aux environs de Paris, mais elle est commune dans le Centre et le Midi de la France, chenille (Pl. XXIII, fig. 3). — *C. Hyale*, FF. 1, 118, (Pl. II, fig. 11). Le *Soufré* est également commun dans les prairies et les champs de luzerne en mai et août ; il est de la taille du *Souci*, mais sa couleur est d'un jaune de soufre et la bordure des ailes supérieures est entrecoupée de taches de la couleur du fond. La ♀ diffère du ♂ par sa couleur qui est d'un jaune très pâle, souvent presque blanc. Deux autres espèces habitent également la France ; la première, *C. Palæno*, FF. 1, 117 (Pl. II, fig. 12), le *Solitaire* ressemble beaucoup à la précédente, mais sa couleur est d'un jaune verdâtre, avec une large bordure noire, sinuée intérieurement aux supérieures, plus étroite aux inférieures. La ♀ est plus pâle, avec la bordure plus étroite, fondue intérieurement, non entre-coupée de taches jaunes. — La seconde, *C. Phicomone*, FF. 1, 118 (Pl. II, fig. 13), 45 mill., le *Candide*, d'un jaune pâle et verdâtre très aspergé de brun, ayant le bord externe, qui est plus foncé, précédé par une bande maculaire de la couleur du fond. La ♀ est plus grande et d'un blanc verdâtre. Ces deux espèces ne sont pas rares et habitent les montagnes alpines et sous-alpines.

Le G. **Rhodocera** a les ailes anguleuses, jaunes, unies, avec un point central, non argenté et une tache rose à la base des inférieures en dessous. Chenilles cha-grinées, pubescentes, convexes en dessus, plates en des-sous, vivant sur la bourdaine. Les chrysalides sont arquées et ont la partie alaire très ventrue. — *R. Rhamni*, FF. 1, 120 (Pl. II, fig. 14); le *Citron*, 50 mill. Ailes d'un jaune citron, avec un point orangé sur le disque, plus petit sur les supérieures ♀ un peu plus grande et d'un blanc ver-dâtre. Cette espèce est commune pendant toute la belle saison ; elle passe l'hiver et vole dès les premiers beaux jours. — Le *Citron de Provence. R. cleopatra*, FF. 1, 120 (Pl. II, fig. 15), est de la taille, de la forme et de la couleur du *Citron*, mais en diffère par une grande tache orangée qui couvre presque tout le disque des supérieures ♀ semblable à celle du *Citron*. Midi de la France en avril.

Lycænidæ.

Antennes droites avec la tige annelée par une massue allongée. Corselet robuste. Abdomen caché presque en entier par les deux bords internes des ailes inférieures qui se joignent en dessous et forment gouttière dans l'état de repos. — Chenilles très courtes en forme de cloporte. Chrysalides courtes, obtuses aux deux bouts, à segments immobiles, attachées comme celles des Piérides ; quelques-unes reposant sur la terre.

Les papillons de cette tribu sont généralement de taille petite ou moyenne ; ils sont connus sous les noms de *Polyommates* et d'*Argus*, à cause des nombreuses taches ocellées dont est orné le dessous des ailes de la plupart d'entre eux. Cette tribu se divise en trois genres.

G. **Thecla**. Dans ce genre les mâles ont les ailes brunes, celles des femelles sont ordinairement marquées de taches fauves; les deux sexes ont, en outre, en dessous une ou deux lignes blanches interrompues, et une petite queue située à l'angle anal. Les chenilles vivent sur les arbres et les arbustes. — *T. Rubi*, FF. 1, 125 (Pl. II, fig. 16), 28 mill. *Polyommate de la ronce* est un des premiers papillons que l'on voit voler au printemps; ses ailes sont d'un brun luisant, avec un point ovale d'un brun terne à la côte des supérieures ; le dessous est d'un beau vert, avec une ligne blanche interrompue. La ♀ est semblable, mais dépourvue du point brun à la côte des supérieures. Commun en mars, avril et mai. Chenille sur le genêt et la ronce en juillet. — *T. W album*,

FF. 1, 122 (Pl. II, fig. 17), 23 mill. Le *W blanc* d'un brun noir avec une tache costale d'un brun mat et un point fauve à l'angle anal des inférieures. Dessous d'un brun clair avec une ligne blanche, droite, interrompue sur les supérieures et formant sur les inférieures un W très anguleux. ♀ n'ayant pas la tache costale des supérieures. Commun en juin et juillet, dans les lieux plantés d'ormes. — *T. Ilicis*, FF. 1, 122 (Pl. II, fig. 18), 33 mill. *Polyommate lyncée*, d'un brun noir, avec un point fauve à l'angle anal dans les deux sexes. Dessous plus clair, avec une ligne blanche, interrompue et peu sensible sur les supérieures, courbe et mieux marquée sur les inférieures ; celles-ci ont, en outre, une rangée de taches fauves bordées de noir inférieurement, et s'appuyant sur un liseré blanc. ♀ avec une tache fauve plus ou moins grande sur les supérieures. Commun en juin et en juillet, sur les buissons de ronces. Chenille en mai sur le chêne. — *T. Betulæ*, FF. 1, 121 (Pl. III, fig. 1), 36 mill. — *Polyommate du bouleau*. — Ailes d'un brun noirâtre, avec un trait discoïdal noir éclairé de jaunâtre sur les supérieures, et deux ou trois taches fauves à l'angle anal des inférieures ; le dessous d'un jaune brunâtre, avec un trait discoïdal brun et une ligne blanche aux supérieures ; une large bande médiane d'un jaune vif, bordée de deux lignes blanches ombrées de brun aux supérieures qui ont, en outre, quelques taches fauves, antéterminales. ♀ plus grande avec une large tache réniforme d'un fauve vif sur les supérieures. Bois et jardins en août et septembre. Chenille en juin-juillet sur le bouleau et le prunellier. — *T. Quercus*, FF. 1, 124 (Pl. III, fig. 2), 34 mill. *Polyommate du chêne*.

Ailes d'un brun noir glacé de violet changeant, avec le dessous d'un gris satiné, une ligne blanche ondulée, et deux taches rousses à l'angle interne. ♀ d'un brun noir avec une large tache bifurquée, d'un bleu brillant, sur les supérieures. Commun dans les bois en juin-juillet. Chenille en juin sur le chêne.

G. **Polyommatus**. *Les Bronzés* : ainsi nommés à cause de la couleur du fond des ailes, qui est ordinairement d'un fauve doré chez les mâles, et semé de points noirs chez les femelles ; les ailes inférieures ont l'angle anal prolongé dans les mâles et sont échancrées avant cet angle dans les femelles. Les chenilles sont pubescentes et un peu allongées ; elles vivent sur les plantes basses, principalement sur les *rumex*. Les chrysalides sont courtes et déprimées antérieurement. *P. Phlæas* (Pl. III, fig. 3), FF. 1, 130, 28 mill. Ailes supérieures brunes avec le disque d'un fauve doré semé de points noirs, terminaux. Le dessous des supérieures est d'un fauve jaunâtre avec d'assez gros points noirs un peu ocellés ; et celui des inférieures d'un cendré brunâtre avec de très petits points noirs, et une ligne antéterminale rougeâtre, composée d'arcs dont l'anal plus grand. — ♀ semblable. — Chenille sur l'oseille sauvage. Commun dans les bois et les prairies pendant la belle saison. — L'*Argus satiné changeant*, *P. Eurydice*, FF. 1, 127 (Pl. III, fig. 4), 32 mill., a les ailes d'un fauve doré vif, avec une bordure noirâtre, la côte des supérieures et une partie des inférieures d'un noir glacé de violet, et sur le disque de chaque aile un trait formé de deux petits points noirs. Le dessous est d'un cendré jaunâtre avec des points noirs cerclés de gris. ♀ brune avec le disque des supérieures légèrement fauve et une double rangée de points noirs bien alignés. Assez commun dans les endroits humides et marécageux. — Citons encore l'*Argus myope*, *P. Xanthe*, FF. 1, 129 (Pl. III, fig. 5), 30 mill. Ailes brunes ponctuées de noir, avec une série antéterminale de lunules fauves. Dessous d'un jaune un peu verdâtre, avec beaucoup de points noirs légèrement ocellés, dont quatre au centre des inférieures et une bordure antémarginale fauve, entre deux lignes de points noirs. ♀ avec les ailes supérieures fauves et ornées de points noirs plus gros que chez le ♂. Chenille en juin sur le genêt. Papillon commun au printemps et en été dans les prairies et les clairières des bois.

Le G. **Lycæna** se compose d'espèces dont les mâles sont presque tous de couleur bleue et les femelles de couleur brune, avec beaucoup de points ocellés en dessous, dans les deux sexes, et la base des inférieures verdâtre ou bleuâtre. Chenilles légèrement velues, plus épaisses que celles des genres précédents, vivant sur les légumineuses herbacées ou ligneuses, et quelques-unes dans les siliques au dépens de la graine. L'espèce la plus commune de ce genre est le *L. Alexis*, l'*Argus bleu*, FF. 1, 139 (Pl. III, fig. 6 et 7), 32 mill. Ailes d'un bleu violet soyeux, avec une fine bordure blanche non entre-coupée comme chez les espèces suivantes. Dessous d'un gris cendré avec points noirs ocellés dont deux ou trois à la base des supérieures et une rangée de taches fauves, triangulaires, appuyées sur des points noirs. ♀ brune, souvent plus ou moins saupoudrée de violet, avec des taches terminales fauves, et le dessous d'un gris roussâtre. Chenille en mai et juillet sur la luzerne, la bugrane, etc. Le papillon vole abondamment sur les champs de luzerne, pendant toute la belle saison. — *L. Argus*, FF. 1, 134 (Pl. III, fig. 8 et 9), 30 mill. L'*Argus*. Ailes d'un bleu violet foncé, avec une bordure noire assez large et la frange blanche. Dessous cendré avec des points cerclés de blanc sale (mais point à la base des supérieures) et une série antémarginale de taches se confondant entre elles, et bordée antérieurement par des chevrons noirs surmontés de taches sagittées d'un blanc sale, et extérieurement par des points noirs sablés de vert métallique. ♀ brune très souvent saupoudrée de bleu à la base, avec des lunules fauves, manquant souvent aux supérieures et quelquefois aux inférieures. Dessous brun, quelquefois cendré clair, avec le dessous plus vif que chez le mâle. Chenille (Pl. XXIII, fig. 4) en mai sur différentes espèces de genêts et de mélilot. Papillon en juin et août dans les bois et sur les bruyères. Moins commun que le précédent. — *L. OEgon*, FF. 1, 133 (Pl. III, fig. 10), 25 mill. L'*OEgon*, très voisin et souvent assez difficile à distinguer de l'*Argus*; taille ordinairement plus petite, bordure noire un peu plus large, plus fondue intérieurement, le dessous d'un ton moins uniforme, plus mélangé de blanc, série de points ocellés des supérieures moins bien alignés. ♀ brune, avec des taches antémarginales fauves. Dessous plus foncé et plus vif en dessins que le mâle. Chenille en mai sur le genêt et sur le baguenaudier. Le papillon est assez commun dans les mêmes localités que l'*Argus*. — *L. Corydon*, FF. 1, 142 (Pl. III, fig. 11 et 12), l'*Argus bleu nacré* 31 mill. Cette belle espèce est d'un bleu argenté brillant, avec une bordure noire, large, ocellée aux inférieures et la frange blanche entrecoupée ainsi que les espèces suivantes. Le dessous des supérieures est blanchâtre avec une rangée marginale de la même couleur, et celui des inférieures brunâtre, verdâtre à la base, avec une tache discoïdale blanche et des lunules d'un fauve vif. ♀ brune avec une lunule discoïdale noire sur les supérieures et les taches ocellées des inférieures marquées de fauve. Dessous d'un brun roux vif, surtout aux inférieures avec les points gros, bien cerclés de blanc. On trouve quelquefois une variété ♀, *L. Syngrapha,* de la couleur du mâle, avec la bordure noire plus nette que chez le type. Commun dans les bois secs, souvent en grand nombre sur les fleurs du thym et du serpolet en juillet et août. Chenille en mai et juin sur les trèfles et les hyppocrèpes. — *L. Adonis,* l'*Argus bleu céleste,* FF. 1, 142 (Pl. III, fig. 13 et 14), 32 mill. Ailes d'un beau bleu d'azur finement bordées de noir avec la frange blanche et entrecoupée. Dessous des supérieures d'un gris cendré, avec des points ocellés, dont un ou deux à la base ; dessous des inférieures d'un cendré roussâtre à base verdâtre avec des points ocellés et des lunules fauves au bord marginal. ♀ brune, souvent saupoudrée de bleu, avec des lunules fauves aux inférieures et le dessous plus foncé que chez le mâle. Commun dans les bois secs et pierreux en mai et juillet. Chenille en avril et mai sur l'hippocrèpe vulgaire. — *L. Agestis,* FF. 1, 138 (Pl. III, fig. 15 et 16), 36 mill. Diffère des deux espèces précédentes par la couleur des ailes qui est d'un beau brun, chez le mâle comme chez la femelle, avec un point discoïdal noir et une rangée marginale de lunules d'un fauve vif manquant quelquefois aux supérieures. Dessous cendré avec des points ocellés, mais

2

point à la base des supérieures, et une rangée marginale de taches fauves appuyées sur un point noir. ♀ semblable, avec les taches fauves plus grandes et ne manquant jamais aux supérieures. Commun dans les bois en mai et août. — *L. Argiolus*, FF. 1, 146 (Pl. III, fig. 17 et 18), 32 mill. Ailes minces, d'un bleu violet pâle, avec une fine bordure noire s'élargissant au sommet des supérieures qui ont la frange légèrement entrecoupée; dessous d'un blanc bleuâtre, avec un arc central et une ligne transverse de petits points noirs, non ocellés. ♀ de la couleur du mâle avec la bordure très large, un arc noir aux supérieures, et une rangée de points noirs au bord externe des inférieures. C'est autour des haies et des buissons que cette espèce aime à voltiger en mai et juillet. Chenille en juin et septembre sur le lierre et la bourdaine dont elle mange les fleurs. *L. Alsus*, FF. 1, 147 (Pl. III, fig. 19 et 20), 21 mill. Cette espèce est la plus petite du genre ; ses ailes sont d'un brun noir, semée d'atomes d'un bleu argentin ; le dessous est d'un gris de perle, avec lunule centrale et une ligne courbe de petits points ocellés, mais point à la base des supérieures ; la ♀ d'un brun noir, sans atomes bleus. Commun en juin et août, dans les bois secs et sur les hautes herbes. Chenille en mai et juillet sur le pois chiche. — *L. Acis*, FF. 1, 147 (Pl. III, fig. 21 et 22), 28 mill. Ailes d'un bleu violet foncé, avec une bordure étroite, fondue dans la couleur du fond, un petit trait discoïdal et les nervures noires. Frange blanche. Dessous d'un gris obscur, avec la base d'un bleu verdâtre, une lunule centrale et une série de points noirs ocellés, courbe aux supérieures et en zigzag aux inférieures. ♀ d'un brun noir, avec la frange d'un

blanc sale, excepté au sommet des supérieures. Assez
commun dans les prés et les clairières des bois humides
en mai et juillet. — *L. Syllarus*, FF. 1, 148 (Pl. III, fig. 23
et 24), 32 mill. Ailes d'un violet vif, avec une bordure
noire assez large, surtout au sommet des supérieures.
Dessous cendré avec une lunule aux supérieures et
une série de gros points noirs ocellés ; les inférieures
avec la base largement teintée de vert, et une série de
points plus petits qu'aux supérieures souvent nuls. ♀
d'un brun noir, avec le disque plus ou moins largement
saupoudré de bleu violet. Mêmes localités que l'espèce
précédente. Chenille en mai et juin sur les trèfles et les
luzernes. — *L. Arion*, FF. 1, 150 (Pl. III, fig. 25 et
26), 37 mill. La plus grande espèce du genre. Ailes d'un
bleu cendré, avec une bordure noire ordinairement marquée de points ocellés au bord terminal des inférieures,
avec une lunule discoïdale et une série arquée de points
plus gros aux supérieures qu'aux inférieures ; le dessous
est d'un cendré un peu jaunâtre, avec la base des inférieures verdâtre et beaucoup de gros points noirs, dont
la série du milieu, ainsi que la lunule, largement cerclés
de jaunâtre, surtout aux supérieures. ♀ plus grande, à
bordure plus large et à points plus gros. Çà et là sur les
bruyères et dans les clairières des bois, en juin et juillet.

Erycinidæ.

Taille petite ; ailes supérieures triangulaires, un peu
aiguës au sommet, brunes, avec des taches fauves, ayant
un peu l'aspect d'une *Mélitée*. Chenilles ovales, hérissées

de poils fins, avec la tête petite et globuleuse, et les pattes courtes.

Cette tribu ne se compose (en *Europe*) que d'un seul genre et d'une seule espèce.

Le G. **Nemeobius** a les antennes aussi longues que le corps, droites, minces, terminées par une massue aplatie ; les palpes courts, droits, peu velus et ne dépassant pas la tête ; le corselet robuste, plus large que la tête, l'abdomen assez long, non caché entièrement par la gouttière. — *N. Lucina*, FF. 1, 151 (Pl. III, fig. 27 et 28), 30 mill., la *Lucine*. Ailes brunes, avec des taches fauves ; les supérieures aiguës au sommet, marquées à la côte de deux points d'un blanc jaunâtre, et de deux séries de taches fauves indépendamment de l'antémarginale ; les inférieures avec une seule série peu prononcée. Dessous des supérieures d'un jaune fauve, avec des taches noires et d'autres plus claires que le fond ; dessous des inférieures d'un fauve plus foncé, avec deux séries de taches d'un blanc jaunâtre et une série marginale de points noirs. La ♀ est plus arrondie et mieux marquée de fauve. On trouve assez fréquemment cette espèce en mai et en août, dans les bois frais et découverts ; elle aime à se poser sur les jeunes taillis de chêne. Chenilles en juin et septembre, sur la primevère et différentes espèces de patience et d'oseille.

Libytheidæ.

Antennes médiocres, grossissant insensiblement de la base au sommet ; palpes longs, formant un bec prolongé, dépassant la tête. Chenilles allongées, pubescentes, non épineuses. Chrysalides non anguleuses et sans taches métalliques.

G. **Libythea**. Ailes supérieures très anguleuses; les inférieures dentées; quatre pattes ambulatoires chez les mâles, six chez les femelles. — *L. Celtis*, FF. 1, 152 (Pl. III, fig. 29), 43 mill. L'*Échancré*. Ailes supérieures très échancrées au sommet du bord externe, d'un brun légèrement jaunâtre, avec six taches fauves, dont trois grandes réunies sur le disque, celle de la base triangulaire, et trois autres plus petites, dont deux apicales et une au bord interne. Inférieures très dentées, avec deux taches fauves, dont la supérieure plus petite. ♀ ayant les taches d'un fauve plus pâle. Cette espèce est spéciale au Midi, en mars et juin ; la chenille en avril et en juillet sera le Micocoulier.

Nymphalidæ.

Massue des antennes allongée, peu épaisse, se confondant insensiblement avec la tige. Tête plus étroite que le corselet; ailes inférieures ayant le bord interne plus ou moins profondément creusé en gouttière pour recevoir l'abdomen dans l'état de repos. Chenilles ayant sur la tête ou sur le corps des appendices en forme d'épines ou de tubercules, durs ou flexibles; chrysalides fixées par la queue seulement et la tête en bas. Les deux pattes antérieures plus courtes, ne servant pas à la marche, dans les deux sexes.

Le G. **Charaxes** ne se compose que d'une seule

espèce dont les ailes supérieures ont le bord marginal
sinué, et les inférieures munies de deux queues près de
l'angle anal ; les antennes sont fortes, longues, à massue
grossissant insensiblement ; la gouttière abdominale est
très prononcée et velue. La chenille est en forme de
limace, avec la tête armée de quatre cornes charnues, et
la partie postérieure échancrée en deux pointes peu saillantes. — *C. Jasius*, FF. 1, 153 (Pl. III, fig. 30). Le
Nymphale Jasius, 78 à 80 mill. Ce grand et beau papillon
a les ailes d'un brun velouté ; les supérieures ont une
assez large bordure jaune surmontée d'un rang de taches
de même couleur ; les inférieures ont également une
bande antéterminale jaune· surmontée près de l'angle
anal de quatre ou cinq petites taches bleues ; les queues
sont brunes, et celle de l'extrémité de l'aile est la plus
longue ; le dessous est varié de brun rouge, avec plusieurs taches noires bordées de blanc ; les inférieures ont
à l'angle anal une seconde bande jaune, courbe, formant
une espèce d'œil noir, bipupillé de violet. La ♀ est semblable, mais plus grande. Quoique cette belle espèce de
soit pas rare en Provence, elle est toujours très recherchée ; elle vole en juin et septembre. Chenille en mai et
août sur l'arbousier.

Le G. **Apatura** se compose de deux grandes et belles
espèces, connues sous le nom de *Mars changeants*, à cause
de la belle couleur bleue ou violette que l'on admire sur
leurs ailes, selon leur exposition à la lumière ; leurs ailes
supérieures sont sinuées ; les inférieures dentées et sans
queues ; les chenilles sont renflées au milieu, plates en
dessous, avec la tête surmontée de deux cornes épineuses,
et la partie anale divisée en deux pointes prolongées ; les

antennes sont fortes, longues, à massue grossissant
insensiblement. — A. *Iris*, FF. 1, 154 (Pl. IV, fig. 1).
Le *grand Mars changeant*, 70 mill. Ailes d'un brun noir,
à reflet violet très vif; les supérieures avec des taches
blanches et une tache noire (quelquefois cerclée de ferrugineux) près du bord marginal; les inférieures ont une
bande transverse, blanche, divisée par les nervures en
taches dont celle du milieu forme une pointe saillante
extérieurement, et un œil cerclé de ferrugineux à l'angle
anal. Le dessous est d'un gris légèrement rosé; les supérieures ont au sommet une grande tache d'un rouge brun
très nette, et les inférieures ont la bande transverse d'un
blanc pur, ombrée de rouge brun du côté externe. La ♀
est plus grande, plus claire et sans reflet violet. Chenilles
en mai et juin sur le tremble et le peuplier, au haut des
branches. Ce papillon est assez commun dans le Centre
et surtout dans le Nord, dans les grands bois, en juin et
juillet. — A. *Ilia*, FF. 155 (Pl. III, fig. 31). Le *petit Mars
changeant*, 60 mill. D'un brun noir à reflet violet très
vif; les supérieures avec des taches blanches, dont trois
apicales, et une tache noire cerclée de ferrugineux près
du bord marginal; les inférieures avec une bande blanche,
transverse, divisée en taches par les nervures, et un œil
cerclé de ferrugineux à l'angle anal; le dessous est d'un
gris jaunâtre avec une teinte fauve au sommet des supérieures et les mêmes taches que sur le dessus; les inférieures avec la bande transverse d'un blanc violâtre, et un
ou deux points noirs à la base. ♀ plus grande, plus claire
et sans reflet. Chenille (Pl. XXIII, fig. 5). Indépendamment du type que nous venons de décrire, on trouve souvent la var. *Clytie* (Pl. IV, fig. 2), le *petit Mars orangé*,

chez laquelle les taches, les bandes et les yeux sont d'un jaune fauve clair, excepté les trois points du sommet qui restent blancs. ♀ semblable. Le *grand Mars orangé* est une var. ♀ dont le fond est entièrement jaune, avec quelques taches brunes et les bandes transverses d'un jaune plus clair que le fond. Cette espèce est également commune en juin et juillet, dans les bois et les prairies ; elle aime à se poser contre le tronc des arbres ; les femelles volent très haut et ne descendent que vers trois ou quatre heures de l'après-midi. Chenille en mai et juin sur différentes espèces de saules et de peupliers.

Le G. **Limenitis** a les antennes de la longueur du corps, et leur massue peu renflée se confond insensiblement avec la tige ; la tête est presque de la longueur du corselet ; l'abdomen est grêle et assez long ; les ailes sont légèrement sinuées et dentelées, à fond noir avec des bandes et des taches blanches. Les chenilles sont chagrinées, avec des tubercules ou des épines sur le dos, ou avec la tête épineuse seulement ; les chrysalides sont plus ou moins carénées et quelques-unes sont ornées de taches métalliques.—*L. Populi*, FF. 1,157 (Pl. IV, fig. 4). Le *grand Sylvain*, 70 mill., belle et grande espèce aux ailes d'un brun noirâtre, avec le bord terminal des supérieures longé par deux lignes maculaires plus foncées et deux lignes de petites taches fauves au sommet ; le disque de l'aile orné de taches blanches dont celles du milieu en forme de bande sinueuse et interrompue ; les inférieures avec une bande médiane blanche, interrompue par les nervures ; en outre, le bord terminal est teinté de verdâtre, avec une série de taches noires surmontées par des croissants fauves. Dessous d'un fauve jaunâtre, avec les taches du dessus un peu teintées de verdâtre. ♀ un peu plus grande, avec les taches blanches plus grandes. La variété *Tremulæ* diffère du type en ce que les taches blanches des supérieures sont plus ou moins saupoudrées de brun, et que la bande des inférieures manque souvent totalement. Cette espèce est assez commune dans le Nord en juin ; elle aime à se poser sur la fiente des bestiaux dans les allées des bois. Chenille en mai sur les trembles et les peupliers.—*L. Sibylla*, FF. 1, 158 (Pl. IV, fig. 3). Le *petit Sylvain*, 50 mill., a les ailes d'un brun noir avec une bande blanche transverse et maculaire aux supérieures, divisée simplement par les nervures aux inférieures. Les supérieures ont en outre, dans la cellule, une tache blanche saupoudrée de brun, deux petits points blancs à l'angle apical et un autre vers le milieu du bord externe ; dessous d'un fauve ferrugineux avec les mêmes taches du dessus ; les inférieures avec la base et le bord abdominal d'un bleu cendré, et trois séries antémarginales de points noirs, dont deux ou trois éclairées de blanc près de l'angle anal. ♀ plus grande, à taches blanches mieux marquées et à bande transverse des supérieures non interrompue, commune dans les grands bois en juin et juillet. Chrysalide en mai sur le chevrefeuille des bois. — *L. camilla*, FF. 1, 158 (Pl. IV, fig. 5). Le *Sylvain azuré*, un peu plus grande que la précédente, à laquelle elle ressemble beaucoup, mais dont elle se distingue facilement par sa couleur d'un noir-bleu, et par une série antéterminale de points noirs éclairés de bleuâtre ; dessous d'un noir-bleu varié de rouge brique, avec les taches du dessus ; les inférieures ont la base et le bord abdominal bleuâtres avec deux signes noirs, et une série antéterminale de points noirs, chacun entre deux taches rouge brique. Cette espèce se trouve dans les mêmes localités et aux mêmes époques que *Sibylla*, la chenille (Pl. XXIII, fig. 6) vit également sur le chèvrefeuille des bois en avril, mai et juillet.

Le G. **Vanessa** renferme également plusieurs belles espèces, assez recherchées, quoiqu'elles ne soient généralement pas rares; elles ont les antennes aussi longues que le corps, raides, terminées par une massue allongée et ovoïde; la tête est plus étroite que le corselet qui est robuste et aussi long que l'abdomen; celui-ci est plus court que les ailes inférieures et caché entièrement par la gouttière formée par la réunion des bords internes. Chrysalide ayant la tête en cœur antérieurement, et le corps garni d'épines velues ou rameuses d'inégale longueur; les chrysalides sont anguleuses, avec la partie antérieure de la tête ordinairement terminée par deux pointes, et le dos armé de deux tubercules plus ou moins aigus; la plupart sont ornées de taches d'or ou d'argent. — *V. Levana*, FF. 1, 160 (Pl. IV, fig. 6). La *Carte géographique fauve*, 30 mill. Ailes d'un jaune fauve, parsemées de beaucoup de taches brunes, avec deux ou trois taches costales blanches sur les supérieures; les inférieures ont toute la base brune, divisée par des fines lignes fauves, et le bord marginal forme une bande également fauve, marquée d'une série de taches brunes; dessous plus clair, varié de jaune, avec les bandes peu distinctes; enfin les quatre ailes ont à l'angle du milieu une tache violâtre, marquée au milieu d'un point blanc. ♀ semblable. C'est dans les forêts que l'on voit voler cette petite vanesse, en avril et mai; elle n'est pas rare, principa-

lement dans l'Est et le Nord; les œufs pondus à ces
époques donnent naissance à des chenilles qui vivent en
juin et produisent en juillet et août la variété suivante :
Var. *Prorsa*, FF. 1, 160 (Pl. IV, fig. 7). La *Carte géographique brune*, 35 mill. Plus grande que *Levana*, entièrement d'un brun noir; les supérieures ayant dans
leur milieu une bande blanche, ou légèrement jaunâtre,
interrompue au milieu, puis quelques points blancs vers
le sommet de l'aile ; les inférieures ont la bande blanche
continue, et deux lignes fauves; le dessous est d'un
brun rouge, avec la bande du dessus, et beaucoup de
lignes blanches. Cette variété produit à son tour des chenilles qui vivent en septembre, passent l'hiver en chrysalide, et donnent au printemps le type *Levana*. Chenille
en petite famille sur l'ortie. — De cette petite espèce
de vanesse nous passerons à la plus grande et à la plus
belle, *V. Antiopa*, FF. 1, 164 (Pl. IV, fig. 8). Le *Morio*,
70 mill. Ailes d'un brun rouge foncé velouté, avec une
large bordure terminale jaune et piquée de noir, et une
bande antéterminale noire, divisée par une série de
taches bleues; les supérieures avec deux taches jaunes à
la côte, qui est striée de cette même couleur; dessous
d'un noir obscur avec la bordure et un point central d'un
blanc jaunâtre. ♀ semblable. La chenille vit en société
en juin et août sur différentes espèces de saules et de
peupliers; elle habite le haut des branches, et ne descend que pour se chrysalider. Le papillon éclot en juillet,
août et septembre; il passe l'hiver et reparaît dès les
premiers beaux jours, mais alors il a perdu tout son éclat
et la bordure jaune est devenue blanche.— *V. Io*, FF.
1, 164 (Pl. IV, fig. 9). Le *Paon de jour*, 55 mill. Cette

vanesse est également une des plus belles de notre pays;
il ne lui manque que d'être rare pour être estimée à sa
juste valeur ; ses ailes sont dentées et anguleuses, d'un
rouge pourpré, avec quatre grandes taches ocellées, imitant les yeux des plumes de paon ; les supérieures ont
en outre, sur le disque, deux points blancs qui corres-
pondent avec trois autres placés au-dessus, et près de
l'œil. Commun en juillet et septembre dans les bois, les
prairies et les champs ; la chenille (Pl. XXIII, fig. 9) en
nombreuse société sur l'ortie commune, en juin et en
août. Quelques individus passent également l'hiver dans
des trous d'arbre et de mur et volent au mois de mars
ou d'avril. — *V. Atalanta*, FF. 1, 164 (Pl. IV, fig. 10).
Le *Vulcain*, 60 mill. Ailes dentées, noires, les supérieures
avec une bande transverse d'un rouge vif, et une grande
tache blanche près de la côte, suivie d'une ligne courbe
formée de quatre ou cinq autres petites taches, dont la
première et la quatrième plus grosses ; les inférieures sont
terminées par une bande d'un rouge vif, sur laquelle on
voit quatre points noirs. ♀ semblable, mais plus grande.
Encore une belle espèce qui est fort commune pendant
la belle saison, mais surtout en automne ; elle aime à se
poser sur le tronc des arbres qui laissent suinter leur
sève ; chenille en juillet, août et septembre sur différentes espèces d'orties, dont elle roule les feuilles pour
s'envelopper. — *V. Cardui*, FF. 1, 165 (Pl. IV, fig. 11).
La *Belle-Dame*, 58 mill. Ailes dentées comme celles du
Vulcain, les supérieures brunes, avec le disque coupé
par de grandes taches irrégulières d'un fauve rougeâtre,
et le sommet marqué de cinq taches blanches, dont l'interne plus grande et coupée par les nervures ; inférieures

brunes, saupoudrées d'atomes jaunâtres, avec une tache
discoïdale et une large bande terminale marquée d'une
série de taches rondes, puis d'une bordure de taches
noires. Cette espèce, chez laquelle on trouve presque tous
les dessins du *Vulcain*, est assez commune certaines années et rare certaines autres, en mai, août et septembre ;
elle vole surtout dans les terrains incultes où croissent les
chardons sur lesquels vit sa chenille ; c'est à l'embran-
chement des tiges, dans un réseau qu'elle y file, qu'il
faut la chercher en juin et en août. — *V. Polychloros*,
FF. 1, 162 (Pl. V, fig. 1). La *grande Tortue*, 55 mill.
Ailes supérieures avec deux angles au bord terminal, les
inférieures avec un seul ; les quatre fauves, avec une
bordure jaune coupée par une ligne brune, surmontée
d'une bandelette noire qui est marquée aux inférieures
de croissants d'un bleu violâtre ; les supérieures ont en
outre plusieurs taches noires, dont celles de la côte plus
grosses et séparées par des éclaircies jaunes ; celles du
disque, au nombre de quatre, plus petites et arrondies ;
enfin les inférieures ont près de la côte une grosse tache
noire, éclairée de jaune extérieurement. ♀ plus grande et
un peu moins anguleuse. Ordinairement pas rare en
juillet, août et septembre, dans les jardins, sur les routes
et les promenades plantées d'ormes, sur lesquels la chenille vit en société en juin et août. — *V. Urticæ*, FF.
1, 163 (Pl. V, fig. 2). La *petite Tortue*, 47 mill. Ailes dentées, d'un fauve assez vif, avec une bordure brunâtre,
coupée d'une ligne noire, et surmontée d'une bande
noire ornée de lunules bleues ; les supérieures ont six
taches noires, dont trois grandes à la côte, séparées par des
éclaircies jaunes suivies à l'angle apical par une tache

blanche; les trois autres sur le disque; les inférieures ont la base noire et sont anguleuses vers le milieu du bord externe. ♀ un peu plus grande, avec les éclaircies jaunes un peu plus larges. Commune pendant toute la belle saison dans les champs et le bord des chemins. Chenille en nombreuse société sur les orties depuis mai jusqu'en septembre. — *V. C.-album*, FF. 1, 161 (Pl. V, fig. 3). Le *Gamma*, ou *Robert-le-Diable*, 35 mill. Ailes dentées et très anguleuses, d'un fauve vif, avec une bordure antéterminale brune, surmontée d'une rangée de taches d'un jaune fauve; les supérieures avec des taches noires, dont celle du bout de la cellule large et rectangulaire; inférieures ayant deux taches sur le disque et une à la côte ordinairement plus grande; dessous très variable, jaune ou brun, marbré de brun foncé; les inférieures ayant au bout de la cellule *un signe blanc brillant en forme de C*. Commune dans les bois, les prés, au bord des routes, en juillet et septembre; chenille en mai et juin, vit solitaire sur l'orme et quelquefois sur d'autres arbres.

Le G. **Argynnis** se reconnaît aux taches nacrées ou argentées qui ornent le dessous de leurs ailes, principalement les inférieures; le dessus est régulièrement fauve, avec de nombreuses taches noires; les chenilles sont garnies d'épines velues, dont deux ordinairement plus longues sur le premier anneau; elles vivent sur la violette sauvage, mais cachées pendant le jour; les chrysalides sont anguleuses et ornées de taches d'or et d'argent. — *A. Aglaïa*, FF. 1, 178 (Pl. V, fig. 4). Le *Nacré*, 58 mill. Ailes un peu dentées, d'un beau fauve, avec beaucoup de taches noires; les supérieures ayant les nervures noires et renflées sous le disque ; les inférieures avec une rangée discoïdale de cinq points, dont celui du milieu plus petit; dessous des inférieures d'un jaune d'ocre pâle, avec beaucoup de taches argentées *ombrées de vert*. ♀ Plus grande, plus pâle, avec les nervures non renflées aux supérieures. Commune en juillet dans les clairières et les lisières des bois ; vole rapidement, mais aime à se poser sur les fleurs de chardons et de ronces. Chenille en juin sur la violette sauvage. — A. *Adippe*, FF. 1,179 (Pl. V, fig. 5). Le *grand Nacré*, 58 mill. Cette espèce ressemble beaucoup à la précédente, mais ses ailes sont d'un fauve plus vif, et les supérieures du mâle n'ont que les 2e et 3e nervures renflées; elle s'en distingue facilement par le dessous des inférieures qui sont d'un fauve pâle, avec beaucoup de taches nacrées, dont plusieurs ombrées de roux, et par une série de points argentés, *cerclés de ferrugineux*. Elle vole dans les mêmes lieux et à la même époque qu'*Aglaïa*, et sa chenille vit également sur la violette, en juin. On trouve assez souvent une variété chez laquelle les taches nacrées sont remplacées par du jaune clair ; on la nomme *Cleodoxa*. — A. *Lathonia*, FF. 1,178 (Pl. V, fig. 6). Le *petit Nacré*, 36 mill. Ailes légèrement dentées, les supérieures ayant l'angle du sommet saillant, arrondi et les inférieures formant un coude au milieu du bord marginal; les quatre d'un fauve un peu terne, avec la base et le bord interne largement verdâtres et beaucoup de taches noires, arrondies ; le dessous des inférieures est d'un fauve clair nuancé de ferrugineux, avec plusieurs taches nacrées, dont cinq grandes sur le disque, et un rang de sept taches également assez grandes, surmontées d'une bande ferrugineuse, ornée d'yeux à

prunelle argentée. ♀ semblable, un peu plus grande.
C'est principalement dans les allées vertes des bois que
l'on prend facilement cette espèce en mai, août et septembre. Chenille en mai et juillet sur la violette et sur
quelques autres plantes basses. — *A.Paphia*, FF. 1, 180
(Pl. V, fig. 9). Le *Tabac d'Espagne*, 65 mill. Les ailes
supérieures ont l'angle apical saillant et arrondi, et les
inférieures sont dentées ; les quatre d'un fauve assez vif,
ont un rang antéterminal de taches quadrangulaires,
surmontées d'une double série de taches arrondies,
noires ; les supérieures ont, en outre, les quatre dernières
nervures très renflées, noires et velues ; dessous des inférieures d'un jaune clair, glacé de vert, luisant sur le disque, et d'un blanc violâtre et nacré au bord marginal,
avec un double rang antémarginal de gros points verts.
♀ plus arrondie, d'une fauve plus ou moins mélangé de
vert, avec les taches plus larges et les nervures non renflées, chenille (Pl. XXIII, fig. 8). On rencontre de temps en
temps une variété femelle chez laquelle le noir verdâtre
a envahi toute la surface des ailes ; elle constitue la
variété *Valesina*. Le *Valaisien*. C'est en juillet, sur les
fleurs de ronce et de chardon, que cette espèce aime à se
poser, souvent en grand nombre. Sa chenille vit aussi sur
la violette sauvage en mai et juin. — *A. Pandora*, FF. 1,
181 (Pl. V, fig. 8). Le *Cardinal,* 80 mill. Ailes de la forme
de celles de *Paphia* ; les quatre d'un fauve entièrement
glacé de vert, avec des taches noires dont une double
série surmontée aux inférieures d'une bandelette en zigzag ; les supérieures avec les 2e et 3e nervures, à partir du
bord interne, très renflées et velues ; dessous des supérieures d'un beau rouge, avec le sommet verdâtre et des

taches noires; dessous des inférieures vert, avec trois bandes argentées ou jaunâtre et une série antéterminale de petits points argentés, ombrés de roussâtre. ♀ plus arrondie, à taches noires plus grosses et à nervures non renflées. Cette grande et belle argynne est commune dans le Midi et l'Ouest de la France en juin et juillet; comme *Paphia* elle aime à se poser sur les fleurs des chardons. — A. *Euphrosine*, FF. 1, 174 (Pl. V, fig. 7). Le *Collier argenté*, 40 mill. Ailes arrondies, fauves, avec la base et des taches noires dont les antéterminales presque toujours isolées; dessous des inférieures d'un jaune citron varié de rouge, avec une bande médiane jaune, formée de taches, dont celle du milieu plus longue et argentée, et sept taches nacrées, terminales et surmontées, de chevrons bruns et de points ferrugineux. ♀ plus grande et ayant ordinairement la base plus largement noirâtre. Très commune dans les bois en mai, juillet et août. Chenille en juin et septembre sur la violette. — A. *Selene*, FF. 1, 173 (Pl. V, fig. 10). *Le Petit Collier argenté*, 38 mill. Très voisine de la précédente; ailes d'un fauve un peu terne quoique plus vif, avec la base noirâtre et des taches noires dont les antéterminales contiguës; dessous des inférieure d'un jaune clair varié de ferrugineux, avec une bande médiane jaune, marquée de trois taches nacrées, puis une bande également nacrée, interrompue au milieu, et une série terminale de sept taches nacrées, surmontées de chevrons et de points noirs. Cette argynne devance un peu la précédente et est généralement moins commune; elle préfère les grands bois, et sa chenille vit sur la violette en avril et septembre. — A. *Dia*, FF. 1, 176 (Pl. V, fig. 11). La *Petite Violette*, 34 mill. Ailes un peu dentées, fauves avec des taches noires assez grosses, celles du disque et de la base ordinairement contiguës ; dessous des supérieures d'un fauve plus clair, avec le sommet marqué de ferrugineux éclairé intérieurement de blanc violâtre nacré ; dessous des inférieures d'un ferrugineux violâtre, varié de jaune, avec deux bandes de taches alternativement d'un blanc nacré et d'un jaune très légèrement marqué d'atomes ferrugineux, puis une série terminale de six taches blanches ou jaunes, isolées et surmontées de gros points d'un brun rouge, dont les intermédiaires pupillés de jaune. ♀ Semblable. Cette jolie petite espèce n'est pas rare dans les clairières des bois secs en mai et août ; elle plane en volant et ne s'élève jamais beaucoup au-dessus du sol. Chenille en juillet et septembre sur différentes espèces de violette.

Le G. **Melitæa** se compose des espèces auxquelles on a donné le nom de *Damiers*, à cause des taches carrées dont leurs ailes sont ornées en formant ordinairement des espèces de réseaux ; ces ailes n'ayant jamais de taches nacrées en dessous ; les chenilles sont garnies de tubercules charnus et pubescents ; chrysalides garnies sur le dos de boutons peu saillants, sans taches métalliques. *M. Athalia*, 38 mill., FF. 1, 170 (Pl. V, fig. 12). Ailes arrondies, un peu dentées, d'un brun noir, avec beaucoup de taches d'un fauve assez vif, disposées par bandes plus ou moins larges sur les quatre ailes ; dessous des inférieures d'un jaune pâle, avec deux bandes fauves lisérées de noir ; la supérieure large, se réunissant à une troisième à la base ; l'inférieure étroite, marquée de lunules plus foncées, excepté près de la côte. *Palpes noirs en dessus.* ♀ semblable. Commune dans tous les bois en juin et août ; varie beaucoup pour la couleur, où l'on voit dominer tantôt le noir et tantôt le fauve. Chenille sur le mélampyre des bois en avril. — *M. Parthenie*, FF. 1, 171 (Pl. V, fig. 13), 35 mill. Espèce voisine et souvent difficile à distinguer de quelques variétés de la précédente ; plus petite, ailes fauves, avec la base et de *très légers réseaux* noirs ; dessous des inférieures d'un jaune pâle, avec deux bandes fauves liserées de noir comme chez *Athalia* ; palpes *jaunes en dessus*. Aussi commune, mais un peu plus localisée que sa voisine ; bois secs en juin et août. Chenille avril et août sur le plantain. — *M. Dictynna*, FF. 1, 171 (Pl. V, fig. 14), 38 mill. Cette espèce diffère d'*Athalia* par le contraire de *Parthenie*, c'est-à-dire quelle est d'un brun noir, avec les bandes maculaires fauves, étroites sur les supérieures et réduite sur les inférieures à des taches très petites et d'un fauve blanchâtre ; elle est aussi moins commune et moins répandue. Chenille en mai sur la véronique ; papillon en juin dans les bois couverts. — *M. Cinxia*, FF. 1, 168 (Pl. V, fig. 15), 35 mill. Ailes légèrement dentées, d'un fauve terne, réticulées de noir , inférieures un peu aiguës à l'angle anal et ayant le deuxième rang antéterminal de taches fauves *orné d'une série de points noirs ;* dessous des inférieures ayant l'extrémité d'un blanc jaunâtre avec quelques points noirs, et cinq bandes maculaires transverses, dont les 2e et 4e d'un fauve roussâtre, les trois autres d'un jaune pâle ; *toutes ces* bandes liserées de noir. Varie beaucoup pour la taille , les femelles surtout sont beaucoup plus grandes. Très commune dans les bois en mai, juin et août. Chenille en avril et septembre sur le plantain et la piloselle ; vit en société dans son jeune âge, et passe l'hiver sous une tente soyeuse.

Très facile à trouver et à élever. — *M. Mirtes*, FF. 1, 166 (Pl. V, fig. 16). Le *petit Damier*, 35 mill. Ailes d'un fauve rougeâtre clair, variées de jaune et réticulées de noir ; les supérieures avec la deuxième bande antéterminale étroite, maculaire et souvent marquée de jaune ; inférieure ayant la même bande large, continue et marquée d'une série de points noirs ; dessous des supérieures d'un fauve plus clair que le dessus, avec le sommet jaunâtre ; dessous des inférieures d'un fauve roussâtre pâle, avec trois bandes d'un jaune clair et bordées de noir, la première (à partir de la base) maculaire, la deuxième plus étroite, la troisième traversée par une petite ligne noire. Entre ces deux dernières bandes, une série de points noirs, cerclés de jaune. ♀ plus grande. Très commune en mai et en août, dans les bois et les prairies. Chenille en société sur la scabieuse en avril et juillet.

Satyridæ.

Antennes de forme variable, tête petite, corselet peu robuste, ailes arrondies, souvent dentées ; les supérieures ayant à l'angle apical un petit œil visible en dessous, plus ou moins apparent en dessus. Gouttière anale peu prononcée et laissant l'extrémité de l'abdomen à découvert lorsque les ailes sont relevées dans le repos. Vol sautillant et peu soutenu. Chenilles amincies en avant, avec le dernier anneau terminé en queue à double pointe ; elles sont tantôt lisses, tantôt rugueuses, tantôt pubescentes, et vivent toutes exclusivement de graminées. Chrysalides tantôt oblongues et un peu anguleuses, avec la tête en croissant ou à double pointe, et deux rangées de petits tubercules sur le dos, tantôt courtes et arrondies, avec la tête obtuse et le dos uni ; toutes sans taches métalliques.

Le G. **Arge** est composé d'espèces connues sous le nom vulgaire de *Satyres blancs ;* leurs antennes sont presque aussi longues que le corps, elles ont la tige assez forte et forment insensiblement, à partir du milieu de sa longueur, une massue presque en forme de fuseau ; le fond des ailes est blanc, avec des bandes et des taches noires ; les chenilles sont pubescentes, avec des raies longitudinales, le corps peu allongé et la tête globuleuse ; les chrysalides sont courtes, ventrues et reposent à nu sur la terre — *A. Galathea*, FF. 1, 183 (Pl. VI, fig. 1). Le *Demi-Deuil*, 47 mill. Ailes blanches, avec des taches noires et la base de la même couleur entourant le commencement de la cellule qui est de la couleur du fond ; un point noir au sommet des supérieures, souvent peu visible en dessus et parfois ocellé en dessous ; bordure noire des inférieures bien marquée, nettement coupée supérieurement et renfermant les yeux, qui sont peu visibles en dessus, mais très visibles en dessous ; bande médiane du dessous des inférieures interrompue au milieu. ♀ plus grande, avec la côte des supérieures et le dessous des inférieures lavés de jaune d'ocre. Commun dans les bois secs et herbus en juin et juillet. Chenille (Pl. XXVII, fig. 9.) en avril et mai sur les graminées. On trouve de temps en temps des individus, principalement des femelles, chez lesquels le dessous des inférieures est d'un jaune ocracé uniforme et sans aucun dessin ; ils constituent la variété *Leucomelas*. — *A. Psyche*, FF. 1, 185 (Pl. VI, fig. 2), 50 mill. Ailes d'un blanc plus pur que

Galathea; les supérieures avec le bord interne noirâtre
et une bordure antémarginale assez large, découpant des
lunules petites et inégales, et dans le milieu de la cellule
une ligne sinuée, se joignant inférieurement à la tache
annulaire, qui est arrondie, bien évidée et appuyée sur
une tache carrée; inférieures ayant la double ligne marginale surmontée d'anneaux noirs, sur lesquels sont les
yeux, grands, et bien pupillés; dessous des inférieures
avec les nervures, la bordure, les anneaux, deux lignes
partant de la côte, d'un *brun ferrugineux*, et les yeux
très grands, d'un roux pâle, cerclés de jaunâtre et pupillés
de bleu. *Antennes très noires.* ♀ plus grande, à dessins
plus épais. Assez commune dans les garrigues et sur les
collines arides des environs d'Hyères et de Montpellier
en mai et juin.

    G. **Erebia**. On donne à toutes les espèces de ce genre
le nom de *Satyres nègres,* à cause de la couleur noire ou
brun foncé de leurs ailes; celles-ci sont généralement
ornées de bandes antéterminales d'un roux ferrugineux,
sur lesquelles sont des yeux et des points noirs; ces
mêmes ailes sont arrondies, rarement dentées; les antennes sont grêles, à massue oblongue, ovale, aplatie.
Les *Erebia* habitent exclusivement les montagnes alpines
et les régions montueuses du Centre de la France; leurs
chenilles sont peu connues. — *E. Medusa,* FF. 1, 190
(Pl. VI, fig. 3). Le *Franconien,* 42 mill. Ailes arrondies,
d'un brun noir, les supérieures avec une bande formée
de taches d'un ferrugineux jaunâtre; les 1re, 4e et 6e plus
petites, souvent nulles, les deux dernières arrondies et
isolées; les 2e, 3e et 5e, et souvent la 6e, chargées chacune
d'un œil noir; celles du sommet rapprochées; inférieures

avec trois ou quatre taches antiterminales fauves, arrondies, ornées chacune d'un œil noir. Dessous d'un brun
plus clair, avec la répétition des caractères du dessous.
♀ plus grande, d'un brun plus pâle, avec les taches plus
jaunâtres et les yeux plus grands.

Ce satyre est celui que l'on trouve le plus souvent dans
les prairies des montagnes du Centre et de l'Est de la
France, il descend même quelquefois dans les plaines,
en mai et juin. Chenille en avril et mai sur le panic
sanguin. — *E. Medea*, FF. 1, 198 (Pl. VI, fig. 4). Le
grand Nègre à bandes fauves, 44 mill. Ailes d'un brun
noir; les supérieures avec une bande ferrugineuse courte,
arrondie, déprimée au milieu des deux côtés, imitant
grossièrement une semelle, sur laquelle sont quatre
yeux, dont les deux supérieurs plus gros et réunis, l'inférieur isolé, l'intermédiaire très petit, souvent nul et
presque toujours sans pupille; inférieures un peu dentées avec trois ou quatre yeux sur autant de taches ferrugineuses; dessous des supérieures d'un ferrugineux plus
clair que le dessus; dessous des inférieures d'un brun
rouge, avec deux bandes blanchâtres, l'une basilaire,
l'autre antéterminale, sur laquelle sont les yeux du
dessus, dont la pupille seule est bien apparente. ♀ plus
grande, plus pâle, avec le dessous des inférieures jaunâtre
ou verdâtre, les bandes plus blanches et plus prouon-
cées, yeux plus gros, plus apparents, quelquefois au
nombre de cinq. Cet *Erebia* est le plus commun du
genre; on le trouve dans les bois et les plaines de l'Est et
du Centre de la France en juillet et août; on le prend
facilement, car il aime à se poser sur la tige des graminées. — *E. Ligea*, FF. 1, 199 (Pl. VI, fig. 5). Le

grand Nègre Hongrois, 48 mill. Les quatre ailes d'un brun noir, chacune avec une bande ferrugineuse, continue, sinuée des deux côtés et un peu rétrécie au milieu sur les supérieures où elle est chargée de quatre points noirs, oculée, à pupille petite, principalement bien visible sur les deux supérieurs qui sont ordinairement réunis ; cette *Erebia* est marquée sur les ailes inférieures de trois yeux, également pupillés, et quelquefois d'un quatrième plus petit et non pupillé ; le dessous de ces mêmes ailes est d'un brun rougeâtre, avec une bande blanche, étroite, irrégulière, interrompue, seulement bien marquée vers la côte, et avec les yeux du dessus. ♀ plus terne, avec les yeux plus visibles, mieux pupillés, surtout en dessus. Les deux sexes ont, en outre, la frange entrecoupée de blanc et de noir. Commun dans les forêts du Nord et de l'Est de la France en juillet et août. Chenille en mars et avril sur les graminées. — *E. Euryale*, FF. 1, 199 (Pl. VI, fig. 6), 42 mill. Ailes d'un brun noir, avec une bande ferrugineuse très variable quant à la forme, marquée sur les supérieures de trois ou quatre petits points noirs, ordinairement non pupillés ; bande des inférieures également marquée de trois ou quatre points, souvent peu visibles, et assez souvent pupillés ; dessous des supérieures d'un brun ferrugineux, avec la bande plus claire et les yeux du dessus ; dessous des inférieures avec la bande d'un gris brun, les yeux plus petits et cerclés de ferrugineux. ♀ plus pâle, avec les yeux plus gros ; dessous des inférieures d'un brun verdâtre pâle, avec la bande blanchâtre dentée et bien tranchée. Frange entrecoupée de gris clair et de brun, dans les deux sexes. Très commun dans les Alpes et les Pyrénées en juillet et

août. Espèce très variable. — *E. Pirene*, FF. 1, 191
(Pl. VI, fig. 9), 42 mill. Ailes arrondies, d'un brun noir,
les supérieures ayant une bande d'un ferrugineux foncé,
légèrement sinuée extérieurement, fortement dentée intérieurement, ce qui la fait paraître maculaire, ornée de
trois yeux noirs à pupille blanche, dont les deux anté-
rieurs réunis et le troisième isolé, et quelquefois deux
autres plus petits, souvent sans pupille ; inférieures avec
une bande maculaire ferrugineuse, marquée de trois à
cinq yeux, dont trois toujours visibles, les deux autres
souvent nuls ; dessous des supérieures n'ayant jamais que
trois yeux ; dessous des inférieures avec une bande antémarginale un peu plus claire, souvent à peine visible,
avec les yeux du dessus mais plus petits et ordinairement sans iris ferrugineux. ♀ plus terne, avec les yeux
mieux marqués en dessus et les accidentels souvent de
même grandeur que les autres ; le dessous des inférieures
a le fond saupoudré de gris, et la bande plus visible.
Commun dans toutes les montagnes en juillet. Très
variable. — *E. Cassiope*, FF. 1, 187 (Pl. VI, fig. 7).
Le *petit Nègre à bandes fauves*, 33 mill. Cette espèce est
une des plus petites du genre ; ses ailes sont d'un brun
noir ; les supérieures ont une bande ferrugineuse divisée
par les nervures, peu tranchée, ornée de trois à quatre
points noirs, non pupillés, dont les supérieurs plus gros ;
les inférieures avec une série de taches plus petites,
arrondies, ornées également chacune d'un point noir,
non pupillé ; dessous des supérieures avec la bande et les
points du dessus ; dessous des inférieures avec la base
plus foncée jusqu'au delà du milieu, sans bande sensible,
avec les points du dessus, rarement cerclés de ferrugi-

neux. ♀ plus pâle, avec les points noirs plus apparents, le dessous des supérieures roussâtre, et celui des inférieures d'un brun cendré. Montagnes alpines, assez commun en Auvergne. et dans les Vosges en juillet. — *E. Tyndarus*, FF. 1, 195 (Pl. VI, fig. 8), 33 mill. Ailes d'un brun noir chatoyant en vert, avec une bande ferrugineuse peu arrêtée, marquée sur les supérieures de deux yeux apicaux contigus; inférieures tantôt sans yeux, tantôt avec trois ou quatre placés sur des taches ferrugineuses; dessous des supérieures d'un brun rouge, avec la côte et le bord d'un gris cendré; dessous des inférieures d'un gris cendré plus ou moins blanchâtre, avec une large bande médiane, limitée des deux côtés par une ligne denticulée plus foncée, puis une ligne terminale de la même couleur, mais moins arrêtée. ♀ avec la bande ferrugineuse plus pâle et les yeux plus gros; dessous des inférieures d'un gris souvent jaunâtre. Très commun dans les hautes montagnes et variant beaucoup en juillet.

Plusieurs autres espèces de *Nègres* habitent les hauts sommets des Alpes et des Pyrénées; nous renvoyons pour leurs descriptions à la *Faune Française* tome Ier.

Le G. **Chionobas** comprend plusieurs espèces qui habitent l'extrème nord de l'Europe, et sont toutes d'une couleur variant du jaune d'ocre au brun jaunâtre; une seule se trouve en France, le *C. Ællo*, FF. 1, 201 (Pl. VI, fig. 10), 45 mill. Ailes d'un gris jaunâtre clair, sur la frange blanche entrecoupée de noir et une bande antéterminale d'un jaune d'ocre pâle, peu tranchée et marquée aux supérieures de deux yeux noirs écartés, et aux inférieures d'un seul œil près de l'angle anal, quelquefois accompagné d'un autre plus petit ; dessous des supérieures d'un jaune d'ocre strié de brun à l'extrémité, avec les yeux du dessous ; dessous des inférieures d'un blanc jaunâtre couvert de stries brunes, avec les nervures blanches et un œil à l'angle anal. ♀ plus grande et plus jaunâtre, avec les yeux plus grands et plus nombreux. Montagnes de la Savoie, au-dessus de la région des forêts en juillet. Il aime à se poser à terre ou contre les parois des rochers. Pas rare.

Le G. **Satyrus** a les antennes moins longues que le corps, à tiges grêles, à massue en bouton, plus ou moins courbe. On divise ce genre en plusieurs groupes auxquels on a donné des noms exprimant leur manière de vivre. Les chenilles sont glabres, à tête sphérique, à corps gros et rayé longitudinalement, se creusant une petite cavité dans la terre pour s'y transformer ; chrysalides courtes et ventrues, arrondies antérieurement et coniques postérieurement, reposant sur le sol sans être attachées.

1er GROUPE : *les Rupicoles.* — *S. Proserpina*, FF. 1, 202 (Pl. VII, fig. 1). Le *Silene*, 72 mill. Ailes d'un brun noir traversées par une bande blanche, avec la frange entrecoupée de brun et de blanc ; les supérieures ayant la bande divisée par les nervures en taches dont celle du sommet marquée d'un gros point noir, quelquefois oculé ; les inférieures dentées, avec la bande continue ; dessous des supérieures avec la même bande, l'œil toujours pupillé et deux taches blanches dans la cellule ; dessous des inférieures strié de gris blanc et de brun, avec la bande du dessous et la ligne basilaire très éclairée de blanc. ♀ plus grande, ayant souvent à la côte des supérieures une tache blanche, rejoignant la tache oculée, et 'quelquefois un second œil sur la quatrième. France méridionale et orientale, en juillet ; il aime les collines pierreuses et se pose volontiers sur le tronc des arbres cariés. Chenilles en mai sur les graminées ; se cache sous les'pierres pendant le jour. *S. Hermione*, FF. 1, 202 (Pl. VI, fig. 15). Le *Sylvandre* 65 mill. Ailes d'un brun noir, avec la frange entrecoupée, et une bande transverse d'un *blanc enfumé* sur les supérieures ; cette bande, interrompue par les nervures, est très saupoudrée d'atomes bruns vers le sommet où elle est marquée d'un œil brun ; inférieures dentées, avec la bande continue et un petit œil près de l'angle anal ; dessous des supérieures avec la bande teintée de jaunâtre et l'œil du dessous ; dessous des inférieures brun, strié de gris, avec trois lignes noires dentées et transverses. ♀ plus grande avec la bande des supérieures moins obscure, souvent ornée de deux yeux. Grandeur du précédent, mais plus répandu, en juillet et août. Chenille sur les graminées en mai. — *S. Briseis*, FF. 1, 203 (Pl. VI, fig. 11). L'*Ermite*, 50 mill. Ailes brunes traversées par une bande d'un blanc jaunâtre, divisée par les nervures et formant des taches d'inégale grandeur sur les supérieures, et marquée de deux yeux noirs. Côte jaunâtre et disque velu. Inférieures ayant la bande continue et fondue extérieurement, et souvent un petit œil noir près de l'angle anal. Dessous des supérieures d'un jaune d'ocre pâle, avec la bande continue et des taches brunes ; dessous des inférieures avec une bande brune, interrompue dans la cellule, et formant deux grosses taches. ♀ plus grande, avec les bandes plus larges et mieux arrêtées ; dessous plus pâle. Commun dans les lieux pierreux et arides en juillet et

août (Pl. VI, fig. 12). — *S. Semele*, FF. 1, 204. L'*Agreste*
48 mill. Ailes d'un brun jaunâtre, avec la frange entrecoupée ; supérieures ayant une large bande peu prononcée, formée de taches fauves, oblongues, sur laquelle
sont deux yeux bruns, écartés et éclairés de jaune ; inférieures dentées, avec la même bande mais mieux marquée et ornée, près du bord terminal, de quatre taches
d'un jaune d'ocre ; la dernière avec son œil noir ; dessous
des supérieures fauve, avec une teinte plus foncée depuis
la base jusqu'au milieu ; dessous des inférieures d'un
gris cendré strié de brun, avec trois lignes noires, dont
la médiane sinueuse est éclairée d'une bande blanche. ♀
plus grande, avec la bande des supérieures d'une jaune
d'ocre, bien marquée et les yeux noirs. Commun dans
les bois secs et rocailleux ; il aime à se poser sur le tronc
des arbres cariés, en juillet et août. Chenille en avril
et mai sur les graminées. — *S. Arethusa*, FF. 1, 205.
(Pl. VI, fig. 13). Le *petit Agreste*, 43 mill. Ailes d'un brun
obscur, traversées par une bande de taches bien séparées,
d'un jaune fauve, dont six sur les supérieures, la 1re marquée d'un gros point noir ; les inférieures avec 4 ou 5
taches, dont l'anale recouverte d'un petit point noir ;
dessous des inférieures d'un gris brun strié de brun plus
foncé, et une bande transverse blanchâtre, précédée d'un
petit œil noir pupillé de blanc. ♀ un peu plus grande,
plus pâle, bande fauve plus large, moins maculaire sur
les supérieures, qui sont souvent marquées d'un second
point noir ; dessous plus jaunâtre. Assez commun mais
localisé ; bois secs et rocailleux, se pose souvent à terre,
en août. — *S. Statilinus*, FF. 1, 206 (Pl. VI, fig. 14). Le
Faune, 45 mill. Ailes brunes ; les supérieures plus foncées

et velues sur le disque, avec deux gros points noirs, quelquefois pupillés de blanc et séparés par deux petits points blancs ; inférieures avec la ligne antéterminale un peu plus foncée et surmontée d'une série de petits points blancs, souvent nuls, avec un point noir à l'angle anal. Le dessous des supérieures est d'un gris cendré, plus foncé depuis la base jusqu'au milieu, et les yeux du dessous cerclés de jaune ; dessous des inférieures avec la moitié postérieure nébuleuse et une bande blanchâtre longeant la ligne médiane. ♀ un peu plus grande et ayant une bande antéterminale d'un jaune d'ocre très saupoudré de brun. Dessous des supérieures avec les yeux plus grands et plus vivement cerclés de jaune. Assez commun dans les endroits secs et arides, se pose volontiers sur la terre et sur les pierres en cachant ses ailes supérieures avec les inférieures, en août.

2ᵉ Groupe : *les Ericicoles*. — S. *Phædra*, FF. 1, 208 (Pl. VII, fig. 2). Le *grand Nègre des bois*, 55 mill. Ailes dentées, d'un brun plus ou moins noirâtre, uni, ayant quelquefois une ligne antéterminale plus foncée, mais peu distincte. Les supérieures avec deux grands yeux noirs pupillés de bleuâtre et cerclés de jaune en desssus ; inférieures avec un seul œil anal, plus petit ; dessous des inférieures d'un brun plus clair, avec la ligne antéterminale mieux marquée et la médiane diffuse et éclairée d'atomes blanchâtres. ♀ beaucoup plus grande, plus claire, avec les yeux plus grands et mieux pupillés. Assez commun dans les bois du Centre et de l'Est de la France, aime à se poser sur les bruyères en juillet et août. Chenille en juin sur l'avoine élevée.

3ᵉ Groupe : *les Vicinicoles*. — S. *Mæra*, FF. 1, 210

(Pl. VII, fig. 3). Le *Satyre 1re espèce*, 43 mill. Ailes d'un brun jaunâtre, avec une bande antéterminale d'un jaune fauve ; les supérieures ayant cette bande large, coupée inférieurement par une ligne brune, et marquée au sommet d'un grand œil noir *bipupillé*, souvent surmonté d'un autre très petit. Bande des inférieures composée de quatre taches, dont les deux anales arrondies et marquées chacune d'un œil noir. Dessous des supérieures plus clair, avec la ligne qui précède l'œil ne formant point d'angle au bout de la cellule ; dessous des inférieures d'un gris blanchâtre uni, avec trois lignes dont l'antéterminale double sinuée, et surmontée de six yeux presque contigus, entourés de plusieurs cercles bruns et jaunâtres dont l'anal double. ♀ plus grande, avec la bande des supérieures s'étendant sur tout le disque, et les yeux du dessous des inférieures plus grands et plus contigus. Assez commun en mai et juillet dans les bois et le long des chemins et des murs. Chenille en mars et avril sur les graminées.
— *S. Megæra*, FF. 1, 211 (Pl. VII, fig. 4). Le *Satyre*, *2e espèce*, 40 mill. Ailes d'un jaune fauve, avec les nervures et des lignes transverses brunes ; les supérieures en ayant une plus large sur le disque, et au sommet un grand œil *unipupillé*, surmonté d'un autre très petit ; inférieures légèrement dentées, d'un jaune fauve, avec la première moitié plus foncée, puis traversées par une autre ligne incertaine découpant des taches sur lesquelles sont quatre ou cinq yeux ; bord terminal brun, traversé par une ligne plus claire. Dessous des inférieures d'un *gris jaunâtre* avec les lignes basilaire et médiane bien marquées, dentées, éclairées de fauve, et six petits yeux *isolés*, entourés de plusieurs cercles bruns et jaunâtre. ♀ plus

grande et dépourvue de la bande des supérieures. Très commun en mai et juillet au bord des chemins et le long des murs contre lesquels sa chrysalide est souvent suspendue. Chenille en mars, avril et juin sur les graminées. — *S. Ægeria*, FF. 1, 212 (Pl. VII, fig. 5). Le *Tircis*, 30 mill. Ailes brunes dentées, avec des taches arrondies d'un jaune pâle, la frange blanche et un œil noir au sommet des supérieures ; les inférieures ayant trois ou quatre yeux noirs, pupillés sur les taches jaunes antémarginales. Dessous des inférieures d'un jaune sale, avec le bord marginal teinté de gris violâtre et surmonté de quatre ou cinq points jaunes, cerclés de brun, mais peu nettement. ♀ plus arrondie, à taches jaunes plus grandes et plus pâles. Commun dans les parties couvertes et ombragées des bois en mai et juillet. Chenilles en mai et septembre sur les graminées.

4e Groupe : *les Ramicoles.* — *S. Dejanira*, FF. 1, 213 (Pl. VII, fig. 6). La *Bacchante*, 52 mill. Ailes d'un grisbrun jaunâtre clair, avec la frange jaunâtre et une double ligne antéterminale plus foncée ; les supérieures ayant une série de cinq points noirs contigus, cerclés de jaune clair et dont les inférieures plus gros ; inférieures avec quatre ou cinq points semblables. Dessous plus clair, avec une large bande antéterminale d'un jaune clair aux supérieures, blanche aux inférieures, et sur laquelle sont les yeux. ♀ semblable. Moins commun que les précédentes, habite les allées ombragées des bois frais en juin. Son vol est saccadé et sautillant. Il se pose volontiers sur les feuilles et sur les troncs d'arbres. Chenille en avril sur l'ivraie. — *S. Hyperanthus*, FF. 1, 216 (Pl. VII, fig. 7). Le *Tristan*, 42 mill. Ailes arrondies d'un brun noir uni,

avec quelques points noirs et la frange d'un gris blanc.
Dessous des supérieures d'un brun jaunâtre, avec une
série de deux à quatre yeux noirs à iris jaune; dessous des
inférieures avec cinq yeux, dont les deux premiers isolés. ♀ plus grande, plus oculée et dont les yeux sont
mieux marqués en dessus. C'est un des plus communs dans
tous les bois, en juin. Chenille en mai sur les graminées.

5e Groupe (les Herbicoles). — S. Janira, FF. 1, 214
(Pl. VII, fig. 8). Le Myrtil, 46 mill. Ailes brunes, les
supérieures ayant le disque plus foncé et velu, un œil
apical à iris fauve, quelquefois suivi de quelques taches
de cette couleur; inférieures dentées d'un brun noir.
Dessous des supérieures d'un jaune fauve entouré de
gris jaunâtre, avec l'œil du dessus; dessous des inférieures gris jaunâtre, plus foncé jusqu'à la ligne médiane qui
est suivie de un à trois points noirs cerclés de jaune. ♀
plus grande, antéterminale fauve, s'étendant plus ou
moins sur le disque, avec un œil apical souvent géminé;
les inférieures avec une bande antéterminale un peu
plus claire que le fond. Très commun dans les prés et les
bois, en juin et juillet; chenille en avril et mai sur les
graminées. — S. Tithonius, FF. 1, 215 (Pl. VII, fig. 9).
L'Amaryllis, 37 mill. Ailes fauves bordées de brun; les
supérieures ayant sur le disque une tache noire, velue,
oblongue, partant du bord interne et n'atteignant pas la
bordure costale, et au sommet un œil noir pupillé de
blanc; les inférieures un peu dentées et obscures à la
base. Dessous des supérieures sans taches sur le disque;
dessous des inférieures d'un gris roux, avec la ligne médiane éclairée d'un jaune d'ocre, sur laquelle sont placés
trois ou quatre points blancs cerclés de roussâtre, les

deux supérieurs isolés. ♀ plus grande, d'un fauve plus clair et sans tache sur le disque des supérieures, très commun partout en juillet et août. Chenille en mai et juin sur les graminées.

6e Groupe : *les Dumicoles*. — *S. Arcanius*, FF. 1, 219 (Pl. VII, fig. 10). Le *Céphale*, 34 mill. Ailes d'un brun noirâtre ; les supérieures ayant le disque largement fauve, et sur les inférieures un trait de cette couleur à l'angle anal. Dessous des supérieures fauve avec une ligne antéterminale plombée et un petit œil apical à iris jaune ; dessous des inférieures d'un jaune grisâtre jusqu'à la ligne médiane, puis une bande blanche rétrécie à ses extrémités et suivie d'une série de trois à six yeux noirs à iris fauve, dont trois plus grands, ligne antéterminale plombée. ♀ semblable. Assez commun dans les bois en juin et juillet ; chenille en mai sur les graminées. — *S. Pamphilus*, FF. 1, 220 (Pl. VII, fig. 11). Le *Procris*, 29 mill. Ailes d'un jaune fauve, avec une bordure brunâtre, souvent peu prononcée ; les supérieures ayant au sommet un point noir plus ou moins bien marqué, et quelquefois complètement effacé. Dessous d'un gris verdâtre, les supérieures fauves sur le disque, avec le point du sommet ocellé ; les inférieures un peu plus foncées jusqu'à la ligne médiane, qui est visible dans sa longueur et forme au bout de la cellule une saillie éclairée de blanc jaunâtre. Ligne antéterminale brune, peu sensible, surmontée de petites taches légèrement ocellées, souvent peu visibles. ♀ semblable. Ce petit Satyre est un des plus communs partout, pendant toute la belle saison ; chenille sur les graminées. — *S. Hero*, FF. 1, 218 (Pl. VIII, fig. 1). Le *Mœlibée*, 34 mill. Ailes d'un brun noirâtre ; les supérieures ayant au sommet un petit point noir cerclé de fauve ; les inférieures avec trois ou quatre points semblables, dont deux plus gros, et un trait fauve à l'angle anal. Dessous des supérieures d'un brun plus clair, avec une ligne antéterminale plombée ; dessous des inférieures avec cinq ou six yeux noirs, pupillés de blanc et à iris d'un fauve rouge ; ces yeux précédés d'une bande blanche très inégale, suivis d'une ligne plombée assez brillante et d'une ligne terminale d'un rouge fauve. ♀ avec les yeux mieux marqués et ayant ordinairement un second point sur les supérieures. Moins commun et beaucoup plus localisé que les précédents. Nord et Centre de la France en mai et juin. — *S. Davus*, FF. 1, 221 (Pl. VIII, fig. 2). Le *Daphnis*, 35 mill. Ailes d'un jaune fauve ; les supérieures plus claires sur le disque, avec un petit point brunâtre cerclé de fauve ; inférieures plus foncées avec un ou deux yeux près de l'angle anal. Dessous des supérieures fauve, avec le sommet gris et deux ou trois petits yeux précédés d'une ligne plus claire ; inférieures d'un gris jaunâtre, avec la ligne médiane indiquée par deux ou trois taches blanchâtres, suivies d'une série d'yeux noirs cerclés de jaune. ♀ semblable. Nord et Est de la France, dans les prairies humides des montagnes, en juin.

Hesperidæ.

Antennes courtes, terminées par une massue épaisse, souvent arquée, et ayant quelquefois un petit crochet au bout. Tête forte, corselet robuste, abdomen long, ailes généralement courtes et musculeuses. Chenilles cylindriques, glabres ou pubescentes, à tête forte et globuleuses, à premier anneau plus ou moins étranglé, vivant et se métamorphosant entre des feuilles roulées ou repliées sur elles-mêmes ; quelques-unes se retirent dans l'intérieur des tiges creuses, pour y passer l'hiver, chrysalides de formes variées, mais toujours contenues dans un léger réseau.

Les papillons de cette tribu sont tous d'une petite taille ; leur vol est assez vif, mais ils se posent souvent sur la terre ou sur les buissons ; ceux composant le genre *Syrichtus* sont fort difficiles à distinguer les uns des autres et les meilleures descriptions ne sont pas toujours suffisantes.

Le G. **Spilothyrus** a les ailes brunes, avec de petites taches vitrées ; les inférieures dentées ou déchiquetées ; la massue des antennes droite, souvent un peu recourbée en crochet à l'extrémité ; les mâles ont un repli à la côte des ailes supérieures. *S. Malvarum*, FF. 1, 223 (Pl. VIII, fig. 3). La *Grisette*, 29 mill. Ailes d'un gris brun légèrement teinté de rougeâtre ; les supérieures dentées avec deux bandes brunes ; la première près de la base, nettement coupée extérieurement, fendue intérieurement, la seconde flexueuse, interrompue et éclairée extérieurement d'une bande d'un gris verdâtre. Les mêmes ailes ont aussi six petites taches vitrées, dont trois réunies près du sommet et les trois autres groupées à l'extrémité de la cellule. Les inférieures sont très dentées, avec un point à la base, une série médiane, puis une antéterminale de taches grisâtres, le tout assez confus. Dessous plus clair que le dessus, plus uni, avec les taches des infé-

rieures blanchâtres et plus apparentes. ♀ semblable. Assez commun dans les jardins et les endroits où croissent
les *mauves*, sur lesquelles vit la chenille, dans une feuille
roulée en cornet, en juin et septembre. Le papillon en
mai et juillet. — *S. Altheæ*, FF. 1, 224 (Pl. VIII, fig. 4).
L'*Hespérie de la guimauve*, 30 mill. Cette espèce ressemble
beaucoup à la précédente, mais elle est plus foncée,
et tout ce qui est d'un gris rougeâtre chez *Malvarum* est
chez elle d'un *gris verdâtre*; les taches vitrées sont plus
grandes ; les ailes inférieures sont presque noires et marquées au bout de la cellule de deux ou trois taches blanchâtres. ♀ plus grande et un peu plus claire. Assez rare,
en mai et juin.

Le G. **Syrichtus** a les ailes d'un brun noir, avec de
petites taches blanches en dessus et la frange fortement
entrecoupée de noir et de blanc. *Les quatre ailes horizontales dans le repos*; les supérieures des mâles ayant un
repli à la côte.—*S. Carthami*, FF. 1, 227 (Pl. VIII, fig. 5).
Le *Bigarré*, 30 mill. Ailes d'un brun foncé très saupoudré
de blanchâtre ; les supérieures avec beaucoup de taches
blanches, plus ou moins carrées, assez grandes, bien
nettement coupées, dont une dans la cellule et neuf formant une série transverse, très sinuées, les trois supérieures plus petites, en retrait sur les autres, très rapprochées. Il y a en outre souvent quelques autres taches,
mais elles sont vagues et incertaines ; inférieures avec
deux séries de taches blanches plus ou moins marquées
et quelquefois un point blanc à la base. Dessous des supérieures ayant le sommet blanchâtre et deux petites
taches grises en anneau allongé et longitudinales ; dessous des inférieures d'un gris clair, souvent légèrement

verdâtre ou roussâtre, avec le bord marginal blanchâtre et trois séries de tâches blanches, dont celle du milieu de la seconde série, plus grande et bifide. ♀ assez semblable, quelquefois plus foncée et saupoudrée de jaune verdâtre ; dessous des inférieures à dessins plus marqués et plus verdâtres. Pas rare dans les bois en mai et août.—*S. Alveus*, FF. 1, 227 (Pl. VIII, fig. 6). Le *Damier*, 28 à 30 mill. Ailes d'un brun foncé ; les supérieures ayant la base saupoudrée de *jaune verdâtre* et beaucoup de petites taches blanches, isolées, celles de la série antéterminale remplacées par des espaces saupoudrés de gris-verdâtre, mais souvent peu visibles ; inférieures avec deux séries de taches d'un blanc sali de jaunâtre, plus ou moins bien marquées et fondues dans le fond ; celle du bout de la cellule large et bifide. Dessous des supérieures brun clair, avec une tache en anneau au bout de la cellule et les points blancs du dessus ; inférieures d'un jaune verdâtre, avec trois bandes de taches blanches, la basilaire formée de trois taches, dont la supérieure plus grande. ♀ semblable. Assez commun dans les bois secs et montueux en mai et août.— *S. Malvæ*, FF. 1, 230 (Pl. VIII, fig. 7). Le *Plain-Chant*, 23 à 25 mill. Ailes d'un brun noir, plus ou moins saupoudrées de blanchâtre ; les supérieures avec beaucoup de taches blanches, *assez grandes et bien marquées;* celles de la série antémarginale également bien marquées, quoique plus incertaines que les autres ; inférieures avec deux rangs de taches, dont l'antémarginal toujours bien marqué. Dessous des inférieures d'un gris olivâtre ou ferrugineux, avec les nervures plus claires, le bord abdominal entièrement d'un gris obscur avec des taches blanches ; la supérieure des trois qui sont à la base plus petite; l'intermédiaire toujours plus grande; celles du milieu de l'aile formant jusqu'à moitié une bande continue, puis un ou deux petits points arrondis, et celles de la série antéterminale punctiformes, mais de taille différente et souvent oblitérées. Frange nettement et fortement entrecoupée. ♀ semblable. Cette espèce se distinguera toujours facilement des deux précédentes, par sa taille plus petite et par la couleur du dessous des ailes inférieures; chenille en avril sur le fraisier, commun en mai dans toutes les parties des bois. — *S. Sao*, FF. 1, 230 (Pl. VIII, fig. 8). Le *Tacheté* 22 mill. Cette espèce se distinguera toujours facilement des autres *Syrichtus* : 1° par sa taille beaucoup plus petite; 2° par ses ailes d'un brun noir à *reflet rougeâtre*, avec des taches blanches et sa frange blanche entrecoupée de noir; 3° par le dessous des ailes inférieures qui est d'un *rouge brique* plus ou moins vif, avec trois rangées de taches blanches; et 4° par son collier et son anus qui sont *rougeâtres*. ♀ semblable. Cette petite espèce n'est pas commune partout; elle vole en mai et juillet dans les lieux secs et arides.

Le G. **Thanaos** a les ailes brunes, avec de petites taches ondées grisâtres; la frange entière, non entrecoupée et un repli à la côte des ailes supérieures dans les mâles. — *T. Tages*, FF. 1, 231 (Pl. VIII, fig. 9). Le *Point de Hongrie*, 27 mill. Ailes d'un brun clair, avec une série terminale de très petits points blancs; les supérieures avec deux bandes plus foncées, et éclairées de petites ondes blanchâtres; les inférieures ayant, entre la série terminale, un point discoïdal et une rangée antéterminale de points grisâtres. Dessous plus clair, avec la série terminale bien apparente; inférieure avec la série antéterminale et le point central bien visible. ♀ semblable. Chenille (Pl. XXIII, fig. 10) très commune en avril, mai et juin.

Le G. **Cyclopides** a les ailes supérieures verticales ou obliques dans le repos, et les inférieures presque horizontales ; les ailes sont entières, à frange peu ou point entrecoupée, le fond de leur couleur est brun noir, avec des dessins jaunes. Point de repli à la côte des supérieures dans les deux sexes. *C. Steropes*, FF. 1, 235 (Pl. VIII, fig. 14). Le *Miroir*, 33 mill. Ailes d'un brun noir ; les supérieures ayant près du sommet deux ou trois taches jaunes, dont la plus grande est divisée en trois par les nervures ; les inférieures sans tache. Dessous des supérieures brun, avec les taches du dessus et une ligne terminale courte, d'un jaune vif. Dessous des inférieures du même jaune, *avec douze taches ovales, larges, d'un blanc jaunâtre*, contiguës et cerclées de brun. La ♀ a un peu plus de taches jaunes sur les supérieures et une série de taches grisâtres peu apparentes sur les inférieures. Cette jolie espèce n'est pas très répandue ; elle habite le Centre de la France et aime les clairières humides des bois, fin de juin et juillet. Chenille en mai et juin sur les graminées. — *C. Paniscus*, FF. 1, 235 (Pl. VIII, fig. 15). L'*Echiquier*, 28 mill. Ailes d'un brun noirâtre, avec des taches d'un jaune fauve ; celles des supérieures irrégulières ; celles des inférieures arrondies et disposées comme il suit : une près de la base, deux médianes dont la supérieure plus grande, puis une série antémarginale de plusieurs autres plus petites. Dessous des supérieures jaune avec des taches brunes ; dessous des inférieures d'un jaune saupoudré de brun, avec les taches du dessus d'un jaune plus clair et

cerclées de noir. ♀ un peu plus pâle. Également peu répandue dans les bois du Centre et du Nord de la France,
elle aime à se poser sur les fleurs de la bugle dans la première quinzaine de mai. Chenille en avril sur le plantain.

Le G. **Hesperia** a les ailes supérieures relevées dans
le repos ; les inférieures horizontales ou obliques ; la
frange non entrecoupée ; point de repli à la côte des su-
rieures dans les deux sexes ; les ailes ordinairement
jaunes ; les supérieures ayant souvent un trait noir discoïdal, oblique, chez les mâles. Vol assez rapide et à
l'ardeur du soleil. — *H. Sylvanus,* FF. 1, 233 (Pl. VIII,
fig. 10). Le *Sylvain,* 30 mill. Ailes d'un fauve vif, avec une
assez large bordure d'un brun obscur et une série antéterminale de taches carrées d'un jaune plus clair que le
fond ; les supérieures ayant sur le disque un trait noir,
oblique, épais au milieu. Dessous des inférieures d'un
jaune verdâtre, avec une série de taches plus claires et
peu marquées. Antennes ayant l'extrémité munie d'un
crochet très saillant. ♀ plus grande, plus rembrunie, à
taches plus distinctes et à ailes supérieures dépourvues du
trait noir discoïdal. Commune dans les clairières des bois
en mai, juin et juillet ; se pose volontiers sur les feuilles.
— *H. Comma,* FF. 1, 234 (Pl. VIII, fig. 11). La *Bande-
noire,* 28 mill. Très voisine de la précedente ; ailes d'un
jaune fauve, avec une bordure brune et une série
flexueuse antéterminale de taches carrées, plus claires
que le fond ; les supérieures plus aiguës au sommet, et
ayant sur le disque un trait noir et oblique, *séparé dans
son milieu par une ligne grise et brillante.* Dessous des inférieures verdâtre, avec deux séries de taches carrées,
blanchâtres et bordées de noir extérieurement. Antennes

avec un *très petit* crochet à l'extrémité. ♀ sans trait discoïdal. Cette jolie espèce est assez répandue, mais jamais bien commune ; elle a les mœurs de la précédente : en août. Chenille en juillet sur la coronille.— *H. Linea*, FF. 1, 132 (Pl. VIII, fig. 12), 25 mill. Ailes fauves, avec une *très étroite* bordure et l'extrémité des nervures noires ; les supérieures ayant sur le disque un trait noir, linéaire, oblique, *un peu courbe et assez long*. Dessous des supérieures fauve, avec le sommet gris jaunâtre ; dessous des inférieures du même gris, avec le bord terminal fauve. Massue des antennes *rousse* en *dessous*. ♀ plus grande et sans trait noir discoïdal. Commun partout en juillet, août et septembre. Chenille en juin dans la tige des graminées. — *H. Lineola*, FF. 1, 232 (Pl. VIII, fig. 13). Presque toujours confondue avec la précédente ; même taille et même couleur ; bordure noire du dessus plus large ; frange plus claire : trait discoïdal *court, droit, souvent interrompu et peu sensible*. Massue des antennes *noire* de part et d'autre. Plus rare que *Linea* en juillet et août. Chenille sur les graminées en juin.

DEUXIÈME FAMILLE

Hétérocères (*Antennes de formes variées*)

CRÉPUSCULAIRES ET NOCTURNES des anciens auteurs

Les nombreux papillons de cette grande famille, forment plusieurs tribus auxquelles on a donné les noms de *Sphinx, Bombix, Noctuelle, Phalène* ou *Géomètre, Pyrale, Tinéite,* etc. Leurs mœurs sont très variées tant à l'état de chenille qu'à celui d'insecte parfait ; leur vol est généralement crépusculaire (c'est-à-dire qu'ils ne commencent à sortir de leur retraite qu'une heure après le coucher du soleil) et ne se prolonge guère après dix ou onze heures du soir, selon la saison ; c'est pourquoi le nom de *Nocturnes* adopté par les anciens auteurs n'est plus admis aujourd'hui ; et avec d'autant plus de raison, que beaucoup de ces derniers, et même plusieurs parmi les *Crépusculaires,* ne volent que pendant le jour et même à l'ardeur du soleil. La forme des antennes varie beaucoup : elles sont prismatiques, dentées, patinées, plumeuses, filiformes ou sétacées, en chapelet, etc. L'envergure varie considérablement, puisque notre *Grand Paon* mesure jusqu'à 12 centimètres, tandis que les *Elachistes* atteignent à peine 5 ou 6 millimètres. Cette famille se compose d'un assez grand nombre de genres et d'espèces, dont nous allons passer en revue les principaux.

1re Tribu. — Sphingidæ.

Antennes prismatiques, presque toujours terminées par un petit crochet. Corselet très robuste. Abdomen plus ou moins allongé, aussi large à la base que le corselet, ordinairement cylindrico-conique, quelquefois aplati en dessous et terminé alors par un large faisceau de poils disposés en queue d'oiseau. Ailes de consistance très solide et en toit incliné dans le repos. Vol rapide et soutenu, excepté dans le genre *Smerinthus*. Chenilles lisses, cylindriques, ayant toujours une corne sur l'avant-dernier anneau. Chrysalides avec le fourreau de la trompe plus ou moins séparé de la poitrine, renfermées dans la terre et ordinairement sans coque.

G. **Deilephila**. Les antennes sont droites et de la longueur de la tête et du corselet réunis; l'abdomen est rayé tantôt transversalement, tantôt longitudinalement et tantôt obliquement. Chenilles lisses, ornées de couleurs vives et de taches ocellées; la métamorphose a lieu à la surface du sol dans une coque informe, composée de débris de végétaux ou de molécules de terre réunis par des fils. — *D. Euphorbiæ*, FF. 2, 21 (Pl. IX, fig. 1). Le *Sphinx du tithymale*, 70 mill. Ailes supérieures d'un gris rougeâtre, avec une bande oblique d'un vert olive foncé, très sinuée, élargie au bord interne, et trois taches de la même couleur longeant la côte; les inférieures d'un rouge rosé avec deux bandes noires : celle de la base

large, celle du bord terminal étroite, et une tache
blanche, arrondie, au bord abdominal. Corselet d'un vert
olive foncé, avec les épaulettes bordées de blanc extérieurement, de gris et de rose intérieurement. L'abdomen est de la couleur du corselet, avec cinq bandes
blanches transverses, dont les deux premières plus
courtes, plus larges et bordées de noir antérieurement.
♀ semblable. Vole au crépuscule en butinant sur les
fleurs, principalement sur les pétunias qu'il paraît
affectionner beaucoup, ainsi que plusieurs autres *Sphinx*.
Sa magnifique chenille est souvent assez commune, en
juillet et août, dans les lieux sablonneux et au bord des
chemins où croît le *tithymale* connu sous le nom de
réveil-matin; elle passe l'hiver en chrysalide et le papillon éclot en juin de l'année suivante. — Le *D. Nicæa*
(Pl. IX, fig. 2) ne diffère du précédent que par sa taille
un tiers plus grande, et par le dessus des ailes supérieures
qui est plus sombre et rarement rougeâtre. La chenille
vit en juillet et septembre sur différentes espèces d'*eu-*
phorbes et n'est pas rare dans les montagnes des Cévennes.
— *D. Elpenor*, FF. 2, 23 (Pl. IX, fig. 3), 65 mill. Ce
joli Sphinx est très connu sous le nom de *Sphinx de la*
vigne; ses ailes supérieures sont d'un rouge pourpre luisant avec trois bandes d'un vert olive clair : la 1re longeant la côte avec un point blanc au milieu, la 2e oblique
et se confondant supérieurement avec la précédente, la
3e également oblique et finissant en pointe à l'angle
apical ; les inférieures sont d'un rosé foncé, avec la base
noire et la frange blanche. Le corselet est rose, avec cinq
lignes d'un vert olive et les côtés blancs. L'abdomen est
également rose, avec deux bandes longitudinales du

même vert et deux taches noires de chaque côté du premier anneau. Malgré son nom vulgaire, ce n'est pas sur la vigne que l'on trouve ordinairement sa chenille (Pl. XXIV, fig. 11), c'est sur différentes espèces d'*épilobes*, dans les lieux humides et au bord des petits ruisseaux, en juillet et août. On la trouve cependant quelquefois sur la vigne, et en captivité elle s'accomode très bien de cet arbuste. Cette chenille, ainsi que la suivante et quelques autres du même groupe, sont celles que l'on a vulgairement et trivialement nommées *Cochonnes*, parce qu'elles ont la faculté d'allonger leurs trois premiers anneaux, de manière à imiter le groin d'un cochon. — *D. Porcellus*, FF. 2, 24 (Pl. IX, fig. 4). Est également connu sous les noms de *Petit Sphinx de la vigne*, ou de *Petit Pourceau*, 50 mill. Cette espèce est aussi jolie que la précédente, de laquelle elle semble n'être qu'un diminutif; cependant le rose y est plus vif, le vert plus jaunâtre et la frange des ailes inférieures entrecoupée. Il vole à la même époque en butinant sur les fleurs. La chenille ne vit pas non plus sur la vigne, mais sur le *caille-lait* jaune, au pied duquel elle se cache pendant le jour, en juillet et août. Nous ne devons pas passer sous silence le magnique *Sphinx du laurier-rose*. — *D. Nerii*, FF. 2, 25 (Pl. IX, fig. 5), 102 mill., dont les ailes supérieures sont nuancées de vert et de gris rosé, avec une tache blanche à la base, sur laquelle est un gros point d'un vert olivâtre; puis viennent trois lignes blanches, partant de la côte et se confondant inférieurement avec une bande rosée descendant obliquement de la côte au bord interne et se prolongeant le long de ce bord; les inférieures sont noirâtres depuis la base jusqu'au milieu,

ensuite verdâtres, ces deux nuances séparées par une raie
blanchâtre et sinuée. La patrie de cette belle espèce est
la France méridionale, mais elle se prend quelquefois
aux environs de Paris en juin et septembre. Chenilles en
été et en automne sur le laurier-rose.

Le G. **Sphinx** a ses chenilles lisses, cylindriques et
rayées obliquement sur les côtés, avec une corne unie,
très aiguë et courbée en arrière sur le 11ᵉ anneau. Métamorphose en terre et sans coque. Chrysalides avec le
fourreau de la spiritrompe séparé de la poitrine. —
S. Ligustri, FF. 2, 14 (Pl. X, fig. 1). Le *S. du troëne*,
105 mill. Ailes supérieures d'un gris rougeâtre veiné de
noir, avec le milieu d'un brun obscur, et deux lignes
blanches, flexueuses, longeant le bord marginal et se
réunissant près de l'angle apical ; inférieures roses, avec
trois bandes noires, dont celle de la base courte, transverse, les deux autres parallèles au bord terminal. Abdomen annelé de noir et de rose foncé. ♀ semblable. Assez
commun en juin. Sa belle chenille (Pl. XXIII, fig. 19)
vit à découvert, depuis juillet jusqu'à septembre, sur le
troëne, le *lilas* et quelques *spirées* que l'on cultive dans
les jardins — *L. Convolvuli*, FF. 2, 15 (Pl. IX, fig. 6).
Le *S. du liseron*. Taille du précédent ; ailes supérieures
d'un gris cendré marbré de brun sur le disque, avec deux
petites lignes noires et deux taches brunes près du bord
terminal, et une ligne blanche en zigzag, entre ce bord
et l'ombre du milieu ; inférieures d'un gris luisant, avec
trois bandes noirâtres, dont celle de la base courte, transverse, celle du milieu double et l'autre marginale élargie
dans le haut et parallèle au bord terminal. Abdomen
annelé de noir et de rose, avec une bande longitudinale

grise, divisée par une ligne noire. Trompe très développée. Cette grande espèce, à laquelle on a aussi donné le nom vulgaire de *S. à Cornes de bœuf*, est souvent très commune dans les belles soirées de juin et de septembre ; elle affectionne beaucoup les fleurs des petunias. La chenille vit en juillet dans les champs et les jardins, sur différentes espèces de convolvulus ; elle est assez difficile à trouver, parce qu'elle se cache pendant le jour, ne sortant de sa retraite que la nuit.

Le G. **Acherontia** a les antennes très courtes, peu renflées au milieu, finement striées du côté interne, avec le crochet terminal très prononcé ; les ailes supérieures sont entières et lancéolées, et les inférieures ont l'angle anal arrondi. La chenille est lisse, rayée obliquement, avec une corne rocailleuse sur le 11e anneau. La chrysalide est allongée, avec une pointe anale bifurquée — L'*A. Atropos*, FF. 2, 11 (Pl. X, fig. 5), 100 à 110 mill., est connu de tout le monde sous le nom de *S. à Tête de mort*, à cause de la figure d'une tête de mort qu'elle porte grossièrement peinte sur son corselet. Ses ailes supérieures sont d'un brun noir saupoudré de bleuâtre, avec trois lignes d'un blanc jaunâtre, courtes et ondulées : la 1re bifide près de la côte, la 2e double et séparée de la 3e par du jaune ferrugineux. Il y a, en outre, une petite touffe de poils jaunes à l'origine du bord interne et un point blanchâtre sur le disque ; les inférieures sont jaune foncé, avec deux bandes noires transverses et sinuées. Le corselet est d'un brun noir, avec une grande tache jaunâtre ornée de deux points noirs, figurant la tête de mort dont nous avons parlé. L'abdomen est jaune, avec six anneaux noirs, coupant une bande longitudinale d'un

bleu cendré. Cette espèce est également remarquable par
le cri plaintif qu'elle fait entendre, quand elle est in-
quiétée. Cette grande et belle espèce est souvent assez
commune en mai et septembre; elle vole lourdement
après le coucher du soleil. La chenille (Pl. XXIII, fig. 11)
est aussi remarquable, elle vit à découvert sur différentes
espèces de solanées, principalement sur la pomme de
terre, le syciel-jasminoïde, quelquefois sur le jasmin, les
fèves et la pomme épineuse. On la trouve depuis la mi-
juillet jusqu'en octobre; elle se chrysalide profondément
en terre dans une coque agglutinée.

Le G. **Smerinthus** a les antennes flexueuses, peu
renflées, fortement dentées en scie ou crénelées, surtout
chez les mâles. Les quatre ailes sont plus ou moins dentées; les supérieures débordées par les inférieures dans
l'état de repos; les unes et les autres étant alors dans une
position horizontale. Abdomen relevé chez les mâles.
Trompe nulle ou rudimentaire. Vol lourd après le coucher
du soleil. Chenilles rugueuses ou chagrinées, atténuées
en avant, tête triangulaire, rayées obliquement de chaque
côté du corps. Chrysalides cylindrico-coniques, avec la
pointe anale simple. — *S. Tiliæ*, FF. 2, 27 (Pl. X, fig. 2).
Le *Sphinx du tilleul*, 60 à 80 mill. Ailes fortement dentées; les supérieures d'un gris blanchâtre légèrement
rosé ou rougeâtre, avec la base et le bord terminal d'un
vert olive, le sommet ayant une tache blanchâtre irrégulière; le milieu de l'aile est, en outre, traversé par
une bande étranglée dans son milieu dont la couleur est
tantôt d'un vert sombre, tantôt brune, tantôt couleur
de brique, avec toutes les nuances intermédiaires; cette
même bande est souvent divisée en deux taches plus ou

moins grandes, souvent aussi il n'y a qu'une seule tache, et quelques individus en sont totalement privés. La couleur du fond est également très variable et passe du gris blanchâtre au gris lilas et au rouge de brique. Les inférieures sont rousses, avec une ombre antémarginale noirâtre, toujours foncée à l'angle anal. Le corselet et l'abdomen participent de la couleur des ailes. ♀ semblable. Cette espèce est commune partout ; on la trouve souvent appliquée contre le tronc des arbres qui bordent les routes en mai et juin. Chenille en juillet et août sur le tilleul et principalement sur l'orme. — *S. Populi*, FF. 2, 28 (Pl. X, fig. 3). Le *Sphinx du peuplier*, 65 à 80 mill. Il est également très variable pour la couleur qui est tantôt grise ou gris brun, tantôt roussâtre, gris lilas, etc., avec une large bande médiane accompagnée de chaque côté par des raies ondulées, de la couleur du fond et plus ou moins foncées : la bande médiane est en outre ornée d'un point blanc plus ou moins oblong et placé au bout de la cellule. Inférieures avec la base largement ferrugineuse et plusieurs raies ondulées. ♀ plus grande et ordinairement d'une couleur moins foncée que les mâles. Commun contre le tronc des peupliers en mai et juin, puis en août et septembre. Chenille (Pl. XXIV, fig. 9) en juillet, septembre et octobre, sur les peupliers et les trembles, et quelquefois sur les saules. — *S. Ocellata*, FF. 2, 27 (Pl. X, fig. 4). Le *Demi-Paon*, 80 mill. Belle espèce, facilement reconnaissable à ses ailes inférieures d'un rouge carmin, avec l'extrémité lavée de gris brun, et le milieu décoré d'un grand *œil bleu à prunelle et iris noirs* ; cet œil lié à l'angle anal par un croissant noir. Moins commun que les précédents, quoique répandu

partout, en mai et en août. Chenille en août sur les
saules et les peupliers, ainsi que sur le pommier, l'amandier, le pêcher.

Le G. **Macroglossa** a les antennes droites, minces
à leur base, presque en massue; la trompe de la longueur
du corps; l'abdomen déprimé en dessous et terminé en
queue d'oiseau; les ailes courtes; le vol rapide et soutenu
pendant le jour. Les chenilles sont finement chagrinées,
avec une corne droite ou peu courbée sur le 11e anneau;
elles se métamorphosent sur la terre, dans une coque
informe, composée de débris de feuilles sèches retenus
par des fils. — *M. Stellatarum*, FF. 2, 31 (Pl. X, fig. 6).
Le *Moro Sphinx*, 45 mill. Ailes supérieures brunes, traversées par trois lignes noires et ondulées; les deux
médianes mieux marquées, avec un point noir entre
elles; les inférieures d'un fauve roux, avec la base
obscure et le bord terminal ferrugineux. Le corps est de
la couleur des ailes supérieures, avec le milieu de l'abdomen marqué latéralement d'une tache jaune, suivie
d'une tache noire. Ce petit Sphinx est commun partout
et pendant toute la belle saison; il vole rapidement en
plein soleil, dardant sa longue trompe au fond du calice
des fleurs, et sans jamais se poser. Chenille en mai et
août sur le caille-lait jaune. — *M. Bombyliformis*, FF. 3,
32 (Pl. X, fig. 7). Le *Sphinx gazé*, 1re espèce, 40 mill.
Ailes vitrées, avec les nervures, la côte, un trait sur le
disque et une large bordure terminale d'un ferrugineux
pourpré. Base des supérieures et bord interne des inférieures d'un vert olivâtre. Corps d'un vert olive, avec les
derniers anneaux de l'abdomen d'un jaune verdâtre,
bordés latéralement par des poches d'un jaune pâle;

l'abdomen est en outre traversé dans son milieu par une large bande d'un *brun ferrugineux*. Mêmes mœurs que le précédent. Chenille (Pl. XXIII, fig. 16) sur les chèvre-feuilles. — *M. Fuciformis*, FF. 2, 32 (Pl. XI, fig. 1). Le *Sphinx gazé*, 2° espèce. Taille du précédent ; en diffère : par sa bordure terminale beaucoup plus étroite et d'un brun noir, ainsi que les nervures, par l'absence de la tache discoïdale, enfin et principalement par la bande transverse de l'abdomen qui est *noire mélangée de verdâtre*. Même mœurs, mêmes époques et mêmes localités. Che-nille en juillet, septembre et octobre sur les scabieuses ; vit cachée au pied de la plante.

2ᵉ **Tribu**. — Sesiidæ.

Les *Sésies* ont les ailes étroites, allongées, transpa-rentes et en toit horizontal dans le repos ; l'abdomen est cylindrique, long, souvent terminé par une brosse plus ou moins épaisse, quelquefois trilobée. Chez la plupart le corps et la frange sont seuls colorés, aussi ressemblent-elles plus souvent à des guêpes et à des abeilles qu'à des papillons ; c'est pourquoi on leur a donné le nom de celui de ces insectes auquel elles paraissent le plus res-sembler. Les chenilles sont vermiformes, décolorées et munies de fortes mâchoires. Elles vivent et se transfor-ment dans l'intérieur des végétaux, et leur croissance est très longue, car la plupart hivernent deux fois.

Le G. **Trochilium** a les antennes terminées par un petit faisceau de poils soyeux ; celles du mâle pectinées. — *T. Apiformis*, FF. 2, 34 (Pl. XI, fig. 2), 37 à 40 mill.

L'*Apiforme*. Cette espèce est la plus grande et la plus commune de toutes les Sésies ; ses ailes sont transparentes quand l'insecte a volé, et saupoudrées d'écailles très fugaces, d'un brun clair, lorsqu'il vient d'éclore. Il en est probablement ainsi de toutes les autres espèces de la tribu. Ailes supérieures avec les nervures, les bords, et une tache discoïdale d'un brun ferrugineux ; inférieures sans taches. Le corselet est d'un brun noir, avec quatre taches jaunes. L'abdomen est jaune, avec les 1er et 4e anneaux noirs et garnis d'un duvet brun ; tous les autres sont bordés de noir. ♀ plus grande et sans brosse à l'extrémité. Se trouve appliqué contre le tronc des peupliers depuis la fin de mai jusqu'en juillet. La chenille passe deux hivers dans les parties souterraines des troncs des peupliers, et s'y métamorphose.

Le G. **Sciapteron** a les antennes terminées par un petit faisceau de poils soyeux ; celles du mâle longuement ciliées. — *S. Tabaniforme*, FF. 2, 36 (Pl. XI, fig. 3). L'*Asiliforme*, 33 mill. Ailes supérieures opaques, brunes, avec les nervures et la côte bleuâtre en dessous ; les inférieures transparentes, avec les nervures, les bords et un petit arc près de la côte bruns en dessus, plus clairs en dessous. Abdomen d'un noir bleu luisant, avec cinq anneaux jaunes. ♀ n'ayant que trois anneaux jaunes. Brosse d'un noir foncé, avec deux petites lignes jaunes. Pas rare ; butine souvent sur les fleurs du troëne et du seringa odorant en juin.

Le G. **Sesia** a les antennes dentées et longuement ciliées. — *S. Asiliformis*, FF. 2, 43 (Pl. XI, fig. 4). Le *Vespiforme*. Ailes transparentes ; les supérieures avec les nervures et l'extrémité brunes, et une lunule discoïdale rouge ; inférieures avec les nervures, le bord postérieur et un petit arc au milieu de la côte, d'un brun noir. Le corselet est d'un noir bleu, avec deux lignes jaunes longitudinales. Abdomen d'un noir bleu, avec une petite raie transverse à la base, et trois anneaux également espacés, jaunes. Brosse divergente, jaune, avec le milieu vers la base, et les côtés noirs. Le mâle a souvent le dernier anneau double. Chenilles dans les gros troncs et les vieilles souches de chêne. Papillon en juin et juillet. — *S. Chrysidiformis*, FF. 2, 52 (Pl. XI, fig. 5). Le *Chrysidiforme*, 18 à 20 mill. Ailes supérieures d'un rouge fauve, avec les bords et une tache contiguë à la côte, noirs ; inférieures vitrées, avec les nervures, les bords et un petit croissant, contre le milieu du bord antérieur, noirs. Corselet d'un noir bleu, avec quelques poils jaunes, et un point blanc à la base des supérieures. Abdomen de la couleur du corselet, avec quelques poils cendrés, et les bords du 5ᵉ et du dernier anneau blancs ou jaunâtres. Brosse noire, avec le milieu d'un rouge fauve. ♀ avec l'abdomen plus grêle et la brosse comprimée. Assez commune en mai et juin, sur les fleurs, dans les jardins et les prairies.

Zygenidæ.

Les papillons de cette tribu ont les ailes supérieures longues, étroites, ornées de vives couleurs, cachant en entier les inférieures dans l'état de repos. Les antennes sont épaisses, renflées au delà du milieu, simples dans les deux sexes ; la trompe est longue et épaisse ; l'abdo-

men est également long, conique. Leur vol est lourd et
en ligne droite. Chenilles courtes, pubescentes, atténuée
aux deux extrémités, avec les anneaux profondément
incisés et la tête petite. Elles ont la marche lente, paresseuse, et se chrysalident dans des coques en fuseau ou
ovales, de la consistance du parchemin.

Le G. **Ino** a les antennes presque linéaires, épaissies
à l'extrémité ou terminées par une pointe; celles du mâle
bipectinées en dessous; celles de la femelle légèrement
dentées, ou presque lisses. Ailes ordinairement d'une
seule couleur et sans taches. Vol diurne. — *I. Globula-
riæ*, FF. 2, 60 (Pl. XI, fig. 6), 26 à 30 mill. *Procris de la
globulaire*. Ailes supérieures, corselet et abdomen d'un
vert bleuâtre; les inférieures d'un brun cendré, ainsi que
le dessous des quatre ailes. Antennes longues, se terminant en *pointe* et *pectinées jusqu'à l'extrémité*. ♀ semblable. Chenilles sur la globulaire et différentes plantes
basses. Juin et juillet. — *I. Statices*, FF. 2, 60 (Pl. XI,
fig. 7). La *Turquoise*, 25 mill. Ne diffère de la précédente que par sa couleur qui est d'un vert doré, avec la
frange mêlée de noir; les inférieures noires, un peu
transparentes; le dessous noir; les antennes moitié vertes
et moitié d'un noir bronzé, *obtuses à l'extrémité*. Commune en juin et août, sur les coteaux arides et dans les
bois. Chenilles sur la patience. — *I. Pruni*, FF. 2, 62
(Pl. XI, fig. 8), 20 à 22 mill., *Procris du prunier*.
Ailes supérieures d'un vert obscur, avec la base saupoudrée de vert doré; les inférieures d'un brun noirâtre.
Pour se procurer facilement cette espèce, il convient d'élever sa chenille qui est très commune en mai sur le prunellier et l'aubépine. Le papillon éclot en juin et juillet.

G. **Zygnnæ**. Presque toutes les espèces de ce genre sont d'un bleu ou d'un vert foncé, avec des taches rouges sur les ailes supérieures et les inférieures de la couleur des taches, ordinairement. Les *Zygènes* butinent pendant le jour sur les fleurs et à l'ardeur du soleil. Leur vol est lourd et peu soutenu. Les chenilles vivent particulièrement sur les légumineuses; quelques-unes sur le chardon-roulant. Les prairies élevées, les clairières des bois, les coteaux calcaires, sont les lieux qu'elles affectionnent de préférence. Ailes opaques, à taches rouges nettement circonscrites, mais non bordées de blanc ni de noir. — *Z. Filipendulæ*, FF. 2, 76 (Pl. XI, fig. 9). Le *Sphinx-Bélier*, 32 à 36 mill. Ailes supérieures d'un vert-bleu, avec six taches d'un rouge carmin, disposées deux à deux et confluentes en dessous : les deux de la base ovales-oblongues, les quatre autres arrondies et plus petites; les inférieures d'un rouge carmin, avec une étroite bordure bleue et la frange un peu plus claire. Corselet et abdomen d'un bleu luisant ou d'un vert luisant ou d'un vert bronzé. Commun partout depuis le 15 juin jusqu'à la fin d'août. — *Z. Trifolii*, FF. 2, 74 (Pl. XI, fig. 10). Le *Sphinx des prés*, 30 mill. Ailes supérieures d'un bleu indigo, avec cinq taches rouge carmin, deux à la base, un peu oblongues, deux au milieu, inégales et souvent réunies, et une à l'extrémité. un peu plus grande que les autres; inférieures du même rouge, avec une bordure bleue plus ou moins large et absorbant quelquefois la moitié de l'aile. Assez commune en juin et juillet. — *Z. Loniceræ*, FF. 2, 75 (Pl. XI, fig. 11). Le *Sphinx des graminées*, 35 mill. Ailes supérieures d'un bleu foncé ou d'un vert bleuâtre, avec cinq taches rouges assez grosses et *aussi distinctes en dessous qu'en dessus :* deux ovales à la base, deux au milieu, la supérieure ovale, l'inférieure plus grande, triangulaire et celle du sommet arrondie ; inférieures d'un rouge carmin, avec une bordure bleue assez large, mais rétrécie vers l'angle anal. Un peu moins commune que les précédentes et aux mêmes époques. Ailes opaques, à taches rouges bordées de noir, de blanc ou de jaunâtre. — *Z. Carniolica*, FF. 2, 84 (Pl. XI, fig. 12). Le *Sphinx de l'esparcette*, 28 à 30 mill. Ailes supérieures d'un vert bleu, avec six taches rouges bordées de blanc en dessus et en dessous : les deux premières oblongues, les trois suivantes arrondies, et la dernière allongée le long du bord terminal ; les inférieures rouges, avec une étroite bordure noire. Corps d'un vert bronzé avec le collier et les épaulettes blancs. On trouve souvent des individus, surtout des femelles, qui ont un anneau rouge sur l'abdomen. Assez commune dans le Centre et le Midi, en juillet et août. — *Z. Fausta*, FF. 2, 83 (Pl. XI, fig. 13). Le *Sphinx de la bruyère*, 25 mill. Ailes supérieures d'un bleu noir, avec cinq taches d'un rouge vermillon, confondues et légèrement bordées de jaune pâle : la première occupant toute la base de l'aile, les trois suivantes sont en triangle, et la dernière est transversale ; les inférieures sont rouges avec une petite bordure noire. Le corps est d'un noir bleu, avec un double collier et un large anneau, vers l'extrémité de l'abdomen, rouges. Cette jolie petite espèce est assez commune en juillet et août sur les collines élevées et exposées au soleil — La *Z. Occitanica*, FF. 2, 86 (Pl. XI, fig. 14). *Sphinx du Languedoc,* ressemble beaucoup à *Carniolica,* mais les taches rouges de ses ailes supérieures sont plus largement bordées de blanc, et celle de l'extrémité est toujours *entièrement blanche;* enfin l'abdomen est toujours entouré d'un large anneau rouge. Fr. mér., en juillet. Ailes à demi transparentes, à bandes ou à taches rouges, confluentes ou mal arrêtées sur leurs bords. — *Z. Achilleæ,* FF. 2, 69 (Pl. XI, fig. 15). Le *Sphinx de l'achillière,* 30 à 32 mill. Ailes supérieures d'un bleu un peu transparent, avec cinq taches rouges : deux à la base, deux au milieu et une beaucoup plus grande vers l'extrémité; les inférieures sont rouges, avec un très mince liseré bleu foncé, formé en grande partie par la frange. Le corselet est bleu, avec *le collier et les épaulettes garnies de poils blancs.* Cette espèce varie beaucoup; on trouve souvent des individus d'un gris clair, avec les taches peu marquées, et celle inférieure de la base réunie à celle du milieu, de manière à former deux taches longitudinales. ♀ semblable pour le dessin; mais ayant souvent la couleur du fond d'un bleu grisâtre ou jaunâtre. Pas rare dans les terrains calcaires, en mai et juillet. — *Z. Minos,* FF. 2, 64. (Pl. XI, fig. 16). Le *Sphinx de la piloselle,* 28 mill. Les ailes supérieures sont d'un bleuâtre foncé, plus ou moins transparentes, avec trois taches longitudinales d'un rouge carmin, ou plutôt une seule grande tache couvrant presque tout le disque, et divisée en trois taches par les nervures; les deux premières partant de la base, et la troisième élargie à son extrémité. Bord interne bleuâtre. Les inférieures d'un rouge rosé, avec un petit liseré d'un bleu noirâtre. ♀ un peu plus grande. Pas rare dans les terrains calcaires et montueux, en juin et juillet.

Le G. **Syntomis** a les antennes un peu renflées au milieu, simples dans les deux sexes et moins longues que le corps ; la trompe longue, en spirale ; les ailes supérieures longues et triangulaires, les inférieures courtes. Port des *Zygènes*. Vol lourd à l'ardeur du soleil. Chenilles velues et cylindriques, renfermées dans un tissu mou pour se chrysalider. — S. *Phegea*, FF. 2, 87 (Pl. XI, fig. 17). Le *Sphinx du pissenlit*, 38 à 40 mill. Les quatre ailes sont d'un bleu noirâtre ou verdâtre, avec six taches blanches un peu transparentes aux supérieures, et deux aux inférieures. Corps de la couleur des ailes, avec le dessus du 1er et du 5e anneau de l'abdomen d'un jaune d'ocre. Moitié inférieure des antennes noire, moitié supérieure blanchâtre. Varie beaucoup pour le nombre des taches des ailes. Commune en juin et juillet dans le Midi.

Le G. **Naclia** a les antennes aussi longues que le corps et simples dans les deux sexes ; les ailes supérieures étroites et allongées ; les inférieures très courtes. Les chenilles sont rayées longitudinalement et vivent de lichens. — *N. Ancilla*, FF. 2, 88 (Pl. XI, fig. 18). La *Servante*, 27 mill. Ailes supérieures d'un brun pâle, avec une rangée transverse de trois points blancs vers l'extrémité. Les inférieures de la même couleur et sans tache. Corps de la couleur des ailes, avec le dessus de l'abdomen jaune et longé par une série de sept points noirs. ♀ ayant les ailes inférieures traversées par une bande maculaire jaune. Bois secs en juillet. Commun. — La *N. Punctata*, FF. 2, 89 (Pl. XI. fig. 19). La *Ménagère* est propre au Midi et se distingue de la précédente par sa taille plus petite, et par cinq points blancs, dont deux sur le disque et trois vers l'extrémité ; elle vole en juin et juillet.

Le G. **Halias** se compose de plusieurs jolies espèces, assez communes et faciles à obtenir en élevant leurs chenilles. Leurs antennes sont filiformes dans les deux sexes ; les ailes supérieures sont larges et aiguës à l'angle du sommet ; les inférieures sont courtes et arrondies. Les chenilles sont renflées dans le milieu et amincies vers l'anus, qui est débordé par les dernières pattes de manière à figurer une queue de poisson. Elles vivent sur les arbres des forêts, chêne, hêtre, bouleau, et se métamorphosent dans une coque d'un tissu solide, en forme de nacelle renversée. — *H. Prasinana*, FF. 2, 94 (Pl. XI, fig. 20). La *Phalène verte ondée*, 28 à 32 mill. Ailes d'un joli vert clair, avec la côte, la frange et le bord interne, roses ; et trois lignes ondées, obliques et parallèles blanches, les deux internes bordées de vert plus foncé ; les inférieures sont d'un blanc jaunâtre ou roussâtres et lavées d'orangé au bord interne. Antennes roses ou orangées. ♀ non bordée de rose, et n'ayant souvent que deux lignes obliques, blanches ; les ailes inférieures blanches. — *H. Quercana*, FF. 2, 94 (Pl. XI, fig. 21). La *Chape verte à bande*, 38 à 40 mill. Ailes supérieures d'un beau vert clair uni, avec la côte et deux lignes obliques et parallèles d'un jaune très pâle et la frange blanche ; inférieures d'un blanc luisant ♀ semblable. Chenille sur le chêne en mai. Papillon en juin et juillet. — *H. Chlorana* FF. 2, 93 (Pl. XI, fig. 22). La *Bordée*, 22 mill. Ailes supérieures vertes, avec la côte et l'extrémité de la frange d'un blanc luisant ; inférieures blanches. ♀ semblable. Chenille sur les saules, à l'extrémité des rameaux en juillet. Papillon en mai et juin de l'année suivante.

Lithosidæ.

Corps grêle et allongé, ailes supérieures plus ou moins croisées l'une sous l'autre par leur bord interne, dans le repos ; ces ailes plus étroites que les inférieures, celles-ci ordinairement plissées en éventail sous les supérieures. Chenille à seize pattes, avec des petits faisceaux de poils implantés sur des tubercules. Chrysalides dans des coques d'un tissu lâche et garni de poils.

Le G. **Calligenia** ne contient qu'une seule espèce ayant les ailes supérieures elliptiques, non croisées l'une sur l'autre, et formant un toit aigu dans le repos. — *C. Miniata*, FF. 2, 102 (Pl. XI, fig. 23). La *Rosette*, 26 mill. On voit souvent sur le tronc des arbres des forêts cette jolie petite espèce, si reconnaissable à ses ailes supérieures d'un rouge minium, marqué de lignes transverses en zigzags et de points noirs ; les inférieures d'un rouge pâle, sans taches, commun en juin. Chenille en mai sur les lichens des arbres.

Le G. **Lithosia** a les antennes simples et filiformes ; les ailes supérieures étroites, allongées, parallèles et un peu croisées sur le dos ; les inférieures fortement plissées ; les unes et les autres enveloppant l'abdomen lorsqu'elles sont fermées. Chenilles garnies de petites aigrettes de poils implantés sur des tubercules ; vivant sur les lichens des arbres. Toutes les *Lithosies* sont jaunes, ou d'un gris jaunâtre ou cendré. — *L. Complana*, FF. 2, 110 (Pl. XI, fig. 24). Le *Manteau à tête jaune*, 33 mill. Ailes supérieures d'un gris perle satiné, avec la frange, le collier et

la côte, d'un jaune fauve ; la couleur jaune qui borde la
côte est d'*égale largeur dans toute son étendue ;* les inférieures sont d'un jaune pâle, avec une teinte grisâtre
vers le bord antérieur. Corps gris, avec la tête, les pattes
et l'extrémité de l'abdomen d'un jaune fauve. ♀ semblable. Commune en juin et juillet. Chenille (Pl. XXIV,
fig. 24) sur les lichens, se cache pendant le jour dans les
feuilles sèches et aime les lieux chauds et abrités. — *L.
Lurideola*, FF. 2, 110 (Pl. XI, fig. 25). La *Complanule.*
Taille de la précédente avec laquelle elle est souvent confondue, ce qui est facile, car elle ne s'en distingue que
par sa couleur qui est d'un gris plus foncé, et principalement par la bordure jaune de la côte, se *terminant en
pointe* vers le sommet de l'aile ; le collier ayant seulement
les côtés jaunes, son milieu restant gris comme le reste
du corselet. Elle est aussi commune que *Complana* et se
trouve dans les mêmes lieux et aux mêmes époques ainsi
que la chenille. — *L. Griseola*, FF. 2, 109 (Pl. XI, fig. 26).
La *Grisâtre,* 42 mill. Ailes supérieures d'un cendré pâle,
luisant, avec la frange et la côte d'un fauve clair ; cette
couleur occupant moins de largeur que chez *Complana* et
se continuant sur la tête et sur le collier. Les inférieures
d'un blanc jaunâtre. Plus rare que les autres ; en juillet.
— *L. Aureola*, FF. 2, 113 (Pl. XI, fig. 27). Le *Manteau
jaune*, 30 mill. Ailes supérieures d'un jaune fauve
brillant en dessus et le dessous noirâtre avec les bords
jaunes ; inférieures d'un jaune nankin pâle de part et
d'autre ; tête et corselet de la même couleur que les supérieures ; abdomen gris avec l'anus un peu fauve. ♀
semblable. Pas très rare en mai et juin. Chenille sur les
lichens. — *L. Quadra*, FF. 2, 113 (Pl. XI, fig. 28). La

Jaune à 4 points, 40 mill. Ailes supérieures d'un gris cendré, avec l'extrémité plus foncée, luisante, la base d'un jaune fauve, et au-dessus, à la côte, une tache longitudinale d'un noir bleu ; inférieures d'un jaune pâle, avec le bord antérieur de la couleur de l'extrémité des supérieures. Abdomen jaunâtre, avec l'extrémité noirâtre. La femelle est si différente du mâle qu'elle a été considérée pendant longtemps comme une espèce propre, et décrite sous les noms que nous venons de citer ; noms qui lui conviennent en effet, mais qui ne conviennent pas au mâle. Elle a les quatre ailes d'un jaune fauve ; les supérieures avec deux gros points d'un noir bleu, le premier au milieu de la côte, le deuxième au-dessous et vers le bord interne. Assez commune certaines années sur le tronc des arbres en juillet et août. Chenille sur les lichens en mai et juin. — *L. Rubricollis*, FF. 2, 114 (Pl. XII, fig. 1). La *Veuve*, 34 mill. N'est pas toujours très commune ; elle est entièrement noire de part et d'autre, avec le collier d'un rouge sanguin, et les trois derniers anneaux de l'abdomen d'un jaune orangé, juin et juillet. Chenille sur les lichens des arbres et des rochers.

Le G. **Setina** a les antennes ciliées dans le mâle et simple dans la femelle ; les ailes supérieures presque aussi larges que les inférieures ; les femelles toujours plus petites que les mâles, chenille comme celles du genre *Lithosia*. — *S. Irrorella*, FF. 2, 104 (Pl. XII, fig. 2). L'*Arrosée*, 30 mill. Ailes supérieures d'un jaune fauve, avec trois lignes transverses de petits points noirs ; le dessous noirâtre avec les bords jaunes et les points du dessus ; inférieures d'un jaune pâle, tantôt sans taches et tantôt avec un ou deux points noirs près de l'angle du sommet. Corps noir, avec les épaulettes, le milieu du corselet et l'extrémité de l'abdomen d'un jaune fauve. Un peu partout sans être très commune, en juillet et août. Chenille en mai sur les lichens des arbres et des pierres. — *S. Ramosa*, FF. 2, 106 (Pl. XII, fig. 3). Le *Rameur*, 26 à 30 mill. Ailes supérieures variant du jaune fauve au jaune pâle, avec les nervures et une série antéterminale de points noirs; inférieures de la couleur des supérieures, avec une série terminale de points noirs souvent réduits à trois. Montagnes alpines en août. Commune. — *S. Meso-mella*, FF. 2, 107 (Pl. XII, fig. 4). La *Phalène jaune à 4 points*, 30 mill. Ailes supérieures d'un jaune pâle, avec les bords plus foncés, et deux petits points noirs : l'un à la côte et l'autre au bord interne; les inférieures grises, avec une tache longitudinale et le bord postérieur d'un jaune pâle. Corps d'un gris noirâtre, avec la tête, le devant du corselet et l'extrémité de l'abdomen d'un jaune pâle; commune en juin et juillet. Chenilles vivant de lichens, mais se cachant pendant le jour dans les feuilles sèches.

Chelonîdæ.

Antennes des mâles ordinairement un peu plus pectinées; celles des femelles presque simples, ailes en toit. Chenilles très velues, à poils disposés en aigrettes et implantés sur des tubercules; elles sont vives et se nourrissent de préférence de plantes basses; elles se métamorphosent dans des coques de soie, d'un tissu mince et fortifié de leurs poils. Les papillons de cette tribu sont connus sous le nom d'*Écailles ;* ils sont remarquables par les couleurs vives de leurs ailes, et par les taches et les anneaux dont leur abdomen est orné. On les divise en plusieurs genres selon la forme de leurs antennes et de leurs ailes.

Le G. **Emydia** a les antennes pectinées chez le mâle, et ciliées chez la femelle ; les ailes supérieures étroites et allongées, les inférieures larges et plissées. — *E. Grammica*, FF. 2, 116 (Pl. XII, fig. 5). L'*Écaille Chouette*, 30 à 35 mill. Ailes supérieures jaunes, avec beaucoup de lignes longitudinales et une petite lunule sur le disque noires. Les inférieures sont d'un jaune plus vif, avec une assez large bordure et une lunule centrale noires. L'abdomen est également jaune, avec une rangée de taches noires sur le dos. ♀ d'un gris jaunâtre, avec peu ou point de lignes longitudinales noires; assez commune dans les terrains calcaires en juin et juillet. Chenille en mai et juin sur différentes plantes basses.

Le G. **Euchelia** a les antennes courtes et simples dans les deux sexes, et les ailes supérieures presque triangulaires. Chenille rase, n'ayant que quelques poils isolés. — *E. Jacobœæ*, FF. 2, 120 (Pl. XII, fig. 6). La *Phalène carmin du séneçon*, 35 à 38 mill. Ailes supérieures d'un noir grisâtre, avec une bande à la côte, une au bord interne et deux taches arrondies au bord externe, d'un rouge carmin ; les inférieures du même rouge, avec le bord antérieur et une fine bordure d'un noir grisâtre, corps noir. ♀ semblable. Commune dans les champs et les jardins en mai et juin. Chenilles sur différentes espèces de séneçon.

Le G. **Nemeophila** a les antennes pectinées chez le

mâle, et presque filiformes chez la femelle ; celle-ci a les ailes plus courtes et moins développées, et le corps plus gros. Chenille avec des bouquets de poils courts. — *N. Russula*, FF. 2, 121 (Pl. XII, fig. 7). La *Bordure ensanglantée*, 40 mill. Ailes supérieures jaunes, avec une bordure et une tache sur le disque d'un rouge rosé, cette tache maculée de brun ; inférieures d'un jaune plus pâle, également bordées de rose, avec une tache discoïdale et une bande noirâtre ; cette bande plus ou moins bien marquée. ♀ plus petite et très différente du mâle par sa couleur, qui est d'un jaune roux ou tabac d'Espagne, mais semblable pour les dessins ; assez commun en juin et en août, principalement le mâle qui s'envole au moindre bruit, car la femelle s'envole rarement, ce qui fait qu'on la voit beaucoup plus rarement.

Le G. **Callimorpha** se compose des plus belles espèces de la tribu ; les antennes sont longues et simples dans les deux sexes ; les ailes en toit, chenilles longues, ornées de couleurs variées et hérissées de poils courts. Elles se nourrissent de plantes basses et se cachent pendant le jour. — *C. Hera*, FF. 2. 125 (Pl. XII, fig. 8). La *Phalène chinée*, 55 à 60 mill. Ailes supérieures d'un noir glacé de vert, avec deux traits à la base, deux bandes obliques, dont la postérieure en forme d'Y, et tout le bord interne d'un jaune paille ; les inférieures sont d'un rouge écarlate, avec quatre taches noires : une sur le disque, une vers le milieu du bord externe, la troisième oblongue vers l'angle externe et touchant presque la quatrième qui est très petite. L'abdomen est de la couleur des ailes inférieures ou un peu jaunâtre avec quatre rangées de points noirs. ♀ semblable. Chenille en mai et juin sur beaucoup de plantes basses. Papillon en juillet et août, vole le jour quand il est dérangé. La *C. Domi-nula*, FF. 2, 124 (Pl. XII, fig. 9). L'*Ecaille marbrée*, 52 mill., a également les ailes sopérieures d'un noir vert, avec beaucoup de taches inégales en partie blanches et en partie jaunes; les inférieures d'un jaune carmin, avec trois taches noires irrégulières, dont une vers le milieu du bord antérieur. L'abdomen est d'un rouge carmin, avec une ligne dorsale et l'anus, noirs ; assez commune en juin et juillet. Chenille (Pl. XXIV, fig. 16) en mai, dans les prairies humides et les bords des ruisseaux, sur une infinité de plantes basses, principalement sur les borraginées.

Le G. **Chelonia** est également composé de très belles espèces et renferme les vrais types de la tribu ; elles ont les antennes tantôt pectinées, ou ciliées, ou dentées, et tantôt presque filiformes. La tête est petite et retirée sous le corselet ; les ailes sont en toit et ornées de vives cou-leurs ainsi que le corselet et l'abdomen. Les chenilles sont très vives, garnies de poils rudes, épais, implantés en faisceaux divergents, sur des tubercules d'une couleur plus claire que le fond. — *C. Caja*, FF. 3, 128 (Pl. XII, fig. 10). L'*Ecaille Martre*, 62 à 70 mill. Cette espèce est la plus répandue du genre ; ses ailes supérieures sont d'un brun café au lait ou marron, avec des bandes blan-ches, sinueuses, dont les deux postérieures se croisent en X; les inférieures sont d'un rouge brique, avec six ou sept taches bleues bordées de noir. Le corselet est brun avec un collier rouge. L'abdomen est rouge, avec une rangée de quatre à six taches noires sur le dos. ♀ sem-blable. La *Caja* varie beaucoup, tant pour la couleur que pour la largeur des bandes et des taches. Quelques rares individus ont les ailes inférieures jaunes; quelques autres ont les inférieures envahies par la réunion des taches bleues. Chenille (Pl. XXIV, fig. 1) au printemps sur plantes basses. Papillon en juin et août. — La *C. Villica*, FF. 2, 129 (Pl. XII, fig. 11). L'*Ecaille marbrée*, 55 mill., est également une très belle espèce à ailes supérieures d'un noir velouté, avec huit taches inégales d'un blanc légèrement jaunâtre ; les inférieures d'un jaune foncé, avec quatre ou sept taches noires ; celle de l'angle externe formant bordure et coupée par une bandelette sinuée, ou par des taches du même jaune que le fond de l'aile. L'abdomen est jaune à sa base et d'un rouge carmin à son extrémité, avec trois séries de taches noires. ♀ semblable. La chenille passe l'hiver et arrive à toute sa taille en mai. Elle est polyphage et aime les lieux sablonneux et le voisinage des murs et des haies. Papillon en juillet. — *C. Purpurea*, FF. 2, 139 (Pl. XII, fig. 12). L'*Ecaille mouchetée*, 48 mill. Ailes supérieures jaunes, avec beaucoup de taches et de brun noirâtre ; les inférieures roses, avec six ou sept taches noires, éparses et inégales. Abdomen jaune, avec trois rangées de taches noires ; celle du dos plus grande. ♀ avec les ailes inférieures d'un rouge cerise. Chenille en mai et juin ; polyphage, grimpe souvent sur les jeunes pousses de chêne, d'orme, de vigne. etc. Papillon en juin et juillet. Moins commune que la précédente. — *C. Hebe*, FF. 2, 131 (Pl. XII, fig. 13). L'*Ecaille couleur de rose*, 50 à 55 mill. Cette superbe Écaille est toujours très recherchée ; ses ailes supérieures sont d'un noir velouté, traversées par cinq bandes blanches bordées de roux, dont la 3ᵉ plus étroite, souvent interrompue, quelquefois nulle ; les inférieures roses, avec une bande transverse en crochet vers l'angle anal et deux taches postérieures noires. Corps noir, avec deux colliers, et six bandelettes de chaque côté de l'abdomen rouges. ♀ à ailes inférieures d'un rouge carmin. Chenille polyphage, sur les pelouses et les prairies inondées pendant l'hiver, les coteaux calcaires, etc. Papillon en mai et juin. Pas très commun. — *C. Curialis*, FF. 2, 132 (Pl. XII, fig. 14). L'*Ecaille brune*, 35 à 37 mill. Egalement recherchée et beaucoup plus rare que les précédentes. Ailes supérieures brunes, avec six ou huit taches jaunes, dont trois alignées près de la côte, trois ou quatre alignées de même près du bord interne, et une ou deux plus petites près de l'angle externe ; inférieures d'un rouge carminé lavé de jaunâtre à la base, avec une tache en forme de V, une lunule centrale et une bande antémarginale, interrompue dans son milieu, noire. Abdomen d'un jaune fauve, avec trois séries de taches noires, dont celles du milieu en forme de bande transverses. La chenille passe l'hiver et arrive à toute sa taille en mai. Elle est polyphage, et en captivité on la nourrit très bien, ainsi que les autres espèces de ce genre, avec de l'oseille, de la chicorée sauvage, du pissenlit, etc., mais il faut les tenir au soleil. C'est dans les clairières des bois qu'il faut chercher cette chenille ainsi que le papillon en juin.

Le G. **Spilosoma** a les antennes pectinées ou ciliées chez les mâles et filiformes chez les femelles. Les chenilles ont les poils plus courts et plus raides que dans le genre *Chelonia*. Elles vivent et se transforment de la même manière, et sont encore plus vives ; elles courent plus qu'elles ne marchent.— *S. Fuliginosa*, FF. 2, 139 (Pl. XII, fig. 15). L'*Écaille cramoisie*, 34 mill. Ailes supérieures d'un brun enfumé, avec le disque un peu transparent et marqué, au bout de la cellule, de deux points noirs; les inférieures sont d'un rouge cramoisi, avec une bande marginale, souvent maculaire, et deux points au bout de la cellule noirs. L'abdomen est du même rouge, avec trois séries de taches noires. On trouve la chenille à la fin de l'automne, et souvent pendant l'hiver, le long des murs, sous les herbes et les pierres. Même nourriture que la précédente. Commune. — *S. Menthastri*, FF. 2, 142 (Pl. XII, fig. 16). La *Phalène Tigre*, 40 mill. Les quatre ailes sont blanches, avec de petits points noirs sur les supérieures et de un à six sur les inférieures. L'abdomen est jaune, avec cinq séries de points noirs. Chenille depuis la fin de juillet jusqu'en octobre, dans les lieux cultivés, le long des murs, dans les fossés des routes, sur toutes les plantes basses. Éclosion en mai et juin. Commune.

Le G **Hepialus** a les antennes courtes, grenues ou plus ou moins pectinées, les ailes longues, étroites, lancéolées, en toit dans le repos. Vol lourd et crépusculaire. Les chenilles sont armées de fortes mandibules et vivent de racines des plantes. — *H. Humuli*, FF. 2, 145 (Pl. XII, fig. 17). L'*Hépiale du houblon*, 50 mill. Les quatre ailes sont d'un blanc argenté, uni, avec la frange d'un rouge fauve et le corps d'un jaune d'ocre. ♀ plus grande ; les ailes supérieures d'un jaune d'ocre, avec deux bandes obliques et la frange d'un rouge fauve ; les inférieures d'un jaune obscur, avec l'extrémité un peu rougeâtre. Chenille dans les racines du houblon, de la couleuvrée et de quelques autres plantes. Papillon en juin

et juillet; un peu partout, mais commun dans le Nord.
— *H. Lupulinus*, FF. 2, 148 (Pl. XII, fig. 18). La *Louvette*,
25 à 30 mill. Cette espèce se trouve dans les mêmes
localités et aux mêmes époques que la précédente, mais
elle est plus commune. Ses ailes supérieures sont d'un
brun jaunâtre obscur, avec deux bandes blanches, obliques, légèrement bordées de noir, formant un V, très
ouvert et dans lequel il y a un trait blanc; les inférieures sont d'un brun cendré. ♀ semblable pour le dessin;
mais ayant souvent le fond des ailes d'un cendré pâle.

Cossidæ.

Antennes plus ou moins longues, soit pectinées, soit
dentées, souvent filiformes; ailes en toit; abdomen assez
allongé; celui des femelles terminé ordinairement par
un oviducte en forme de tarière. Chenilles pourvues de
fortes mandibules à l'aide desquelles elles rongent
l'intérieur des grands arbres, dont elles causent souvent
la mort. A l'époque de leur métamorphose, elles
se rapprochent de la surface de l'arbre, en rongent l'écorce
jusqu'à n'en laisser qu'une pellicule qui sert d'opercule à
leur galerie, et qui s'ouvre facilement pour donner passage au papillon.

Le G. **Cossus** a les caractères de la tribu et ne comprend qu'une seule espèce, qui est le *C. Ligniperda*, FF.
2, 152 (Pl. XIII, fig. 1). Le *Cossus gâte-bois*, 65 à 70 mill.
Ses ailes supérieures sont d'un gris cendré, blanchâtre
par places, avec beaucoup de petites lignes noires, transverses et ondulées, plus ou moins apparentes; les infé-

rieures sont du même gris cendré, avec des lignes
obscures et réticulées comme aux supérieures. Le corps
est de la couleur des ailes, avec les anneaux de l'abdomen
blanchâtres. Malgré les mœurs de la chenille, on réussit
assez bien à l'élever en captivité, avec des pommes coupées par moitié et enterrées dans de la sciure de bois ;
elle vit deux ans et le papillon éclot en juin et juillet.

Le G. **Zeuzera** ne se compose également que d'une
seule espèce dont la chenille vit aussi dans les troncs et
les tiges de différents arbres : chêne, orme, bouleau,
pommier, poirier, lilas. Les antennes sont pectinées dans
leur moitié inférieure et filiformes dans l'autre moitié ;
les ailes supérieures sont longues, étroites, aiguës au
sommet ; les inférieures plus courtes. — Z. *Æsculi*,
FF. 2, 155 (Pl. XIII, fig. 2). La *Coquette*, 45 à 50 mill. Les
quatre ailes sont blanches avec une multitude de points
noirs à reflet d'acier bleu sur les supérieures, et des
petits points noirâtres sur les inférieures. Le corps est
blanc, avec les pattes, les anneaux de l'abdomen et six
points sur le corselet d'un noir bleu. ♀ plus grande, avec
les points plus gros, l'anus terminé par une tarière jaunâtre, et la partie inférieure des antennes cotonneuse.
Se trouve assez souvent contre le tronc des arbres en
juillet et août.

Liparidæ.

Antennes fortement pectinées dans les mâles, dentées
chez les femelles ; ailes à demi inclinées dans le repos,
bien développées et propres au vol chez les mâles, quel-

quefois rudimentaire ou avortées chez les femelles ; le corps grêle chez les mâles, très gros chez les femelles. En général les Liparides n'offrent rien de remarquable ; leurs chenilles vivent la plupart sur les arbres, tantôt solitairement, tantôt en société, et plusieurs causent de grands dégâts dans les jardins et les vergers. Leur métamorphose a lieu dans une coque établie entre les feuilles ou sur le tronc des arbres.

Le G. **Orgyia** a les antennes courtes, plumeuses ou largement pectinées chez les mâles, dentées chez les femelles ; celles-ci ayant les ailes rudimentaires ou presque nulles. Les chenilles sont remarquables par leurs jolies couleurs, et leurs poils disposés : soit sur le dos en forme de brosse, soit en forme de pinceaux placés aux deux extrémités du corps. — *O. Antiqua*, FF. 2, 165 (Pl. XIII, fig. 8). L'*Étoilée*, 26 à 30 mill. Ailes supérieures d'un brun tanné, avec des bandes transverses, noirâtres, la postérieure plus large et ornée près de l'angle interne par une *lunule très blanche*; les inférieures d'un brun roux, uni. Il vole au soleil avec rapidité en juin et septembre. ♀ d'un gris jaunâtre, avec des moignons d'ailes très courts. Chenille (Pl. XXIII, fig. 12) sur tous les arbres en été et en automne.

Dans le G. **Liparis** ou **Ocneria**, les antennes sont très pectinées chez les mâles et dentées en scie chez les femelles, dont le corps très gros est garni à son extrémité anale d'une sorte de bourre soyeuse, qu'elles en détachent pour couvrir leurs œufs à mesure qu'elles les pondent. — *L. Dispar*, FF. 2, 169 (Pl. XIII, fig. 9). Le *Zigzag*, 43 mill. Cette espèce, qui est très commune, n'offre rien de remarquable que la différence qui existe entre les deux sexes. Le mâle, qui a le corps très grêle, a les ailes supérieures d'un gris brunâtre plus ou moins foncé, avec le disque blanchâtre et quatre lignes noirâtres, transverses, en zigzag; les inférieures d'un brun sale. La femelle est plus grande, obèse, d'un blanc grisâtre ou jaunâtre sale, avec les mêmes dessins que le mâle, son corps est très volumineux, ce qui la rend lourde, car tandis que le mâle vole rapidement au soleil, elle reste toujours immobile contre le tronc des arbres. La chenille (Pl. XXIV, fig. 15) du *Dispar* cause souvent de grands dégâts dans les forêts depuis mai jusqu'en juillet. Papillon en août. — *L. Monacha*, FF. 2,170 (Pl. XIII, fig. 10). Le *Moine* ou le *Zigzag à ventre rouge*, 40 à 43 mill. Cette espèce a quelque ressemblance avec le *Dispar*, pour la forme et les dessins, mais ses ailes supérieures sont blanches avec quatre lignes transverses en zigzag, quelques points à la base et huit le long du bord externe noirs; les inférieures sont d'un gris enfumé ou d'un gris cendré, avec une bande terminale plus foncée et quelques points noirs sur la frange; mais ce qui la caractérise spécialement, c'est la couleur rose de son abdomen. La ♀ est semblable pour les dessins, mais elle est plus grande et son abdomen est terminé par un oviducte corné, jaunâtre. Moins commune que le précédent dont il a les mœurs. — *L. Salicis*, FF. 2, 171 (Pl. XIII, fig. 11). L'*Apparent*, 40 à 45 mill. Entièrement d'un blanc argenté, luisant, avec une légère teinte jaunâtre sur les principales nervures et les pattes noires, annelées de blanc. Chenille en juin sur les saules et les peupliers, commun en juillet. — *L. Chrysorrhœa*, FF. 2, 172) (Pl. XIII, fig. 12). L'*Arctie à cul brun*, 30 à 33 mill. Les quatre ailes et le corps sont d'un blanc un peu luisant, ordinairement sans taches, quelquefois avec un ou deux points noirâtres vers le bord interne des supérieures. L'abdomen a ses quatre derniers anneaux d'un brun obscur, et l'anus de la femelle garni d'une bourre de poils d'un brun fauve. La chenille est très redoutable pour les arbres fruitiers qu'elle dépouille souvent de toutes leurs feuilles ; elle se chrysalide en juin et le papillon éclot trois semaines après. — *L. Auriflua*, FF. 2, 173 (Pl. XIII, fig. 13). L'*Arctie à queue d'or* ne diffère du précédent que par ses ailes d'un blanc plus pur ; les supérieures ayant presque toujours un ou deux points noirâtres vers le bord interne ; et l'anus garni de poils d'un jaune doré. La chenille est moins commune que sa congénère, elle habite les bois et vit sur toutes sortes d'arbres et d'arbustes et aux mêmes époques que l'autre.

Le G. **Dasychira** a les antennes courtes, pectinées chez les mâles et dentées chez les femelles ; les ailes sont oblongues et propres au vol dans les deux sexes ; l'abdomen est terminé par une brosse de poils chez les mâles, et souvent par une bourre soyeuse chez la femelle. Les chenilles sont très belles et garnies de brosses dorsales, mais sans les faisceaux de poils qui distinguent le *G. Orgyia*. Elles vivent sur les arbres et les arbustes, et se chrysalident dans une coque légère entremêlée de poils. — *D. Pudibunda*, FF. 2, 176 (Pl. XIII, fig. 14). La *Patte étendue*, 48 à 50 mill. Cette espèce est loin de répondre à la beauté de sa chenille ; ses ailes supérieures sont d'un gris clair nuancé de gris brun, traversées par quatre lignes ondulées et une série marginale de points d'un brun noirâtre. L'espace compris entre les deux lignes médianes est d'un gris brun et forme une bande plus foncée. Les inférieures sont d'un blanc sale, avec une bande brunâtre et nuageuse, mieux marquée à l'angle anal, et une petite tache cellulaire. ♀ beaucoup plus grande ; ailes plus blanches et semées d'atomes gris brun ; bandes transverses bien marquées et espace médian plus ou moins foncé. Le nom vulgaire de *Patte étendue* a été donné à cette espèce à cause de l'habitude qu'elle a d'étendre ses pattes antérieures en avant, dans l'état de repos. La chenille est commune en automne sur beaucoup d'arbres et d'arbustes, et le papillon éclot en mai de l'année suivante.

Le G. **Centhocampa** renferme des espèces dont les chenilles ont des mœurs très curieuses ; elles vivent en nombreuses sociétés dans des poches de soie, fixées contre le tronc des chênes, ou suspendues aux branches des pins ; elles n'en sortent que le soir, une par une, deux par deux et ainsi de suite, formant ainsi un long ruban ou une procession, d'où leur est venu le nom de *Processionnaires ;* leur repas terminé, elles rentrent dans leur poche en suivant le même ordre que pour la sortie. Les poils de ces chenilles causent des démangeaisons aussi vives que celles de l'ortie, aussi faut-il prendre les plus grandes précautions quand on veut s'emparer de leur nid, seule manière de se procurer facilement des insectes parfaits. — L'espèce de ce genre la plus répandue est la *C. Processionnæ,* FF. 2, 178 (Pl. XIII, fig. 15). La *Processionnaire du chêne,* 30 mill. Ailes supérieures grises, avec trois lignes transverses et sinuées, une liture un peu oblique près de l'angle du sommet, et une lunule centrale, d'un brun noirâtre ; les inférieures sont blanches avec une bande transverse nébuleuse et obscure. ♀ un peu plus grande, plus nébuleuse, avec l'extrémité de l'abdomen garni de poils gris. — *C. Pityocampa*, FF. 2, 179 (Pl. XIII, fig. 16). La *Processionnaire du pin*. Diffère de la précédente par ses lignes transverses qui sont plus noires et mieux marquées, ainsi que par ses ailes inférieures qui n'ont qu'une petite tache brune près de l'angle anal. ♀ plus grande, plus grise, avec les dessins plus confus. Chenille dans une grosse poche suspendue aux branches du pin maritime et sylvestre dans le Midi et aux environs de Bordeaux.

Bombycidæ.

Antennes des mâles pectinées, ailes en toit ; chenilles velues, à poils disposés sur tout le corps ; chrysalides renfermées dans un cocon solidement construit.

Le G. **Bombyx** renferme les types de la tribu ; ils sont reconnaissables à leur corps très velu, à leurs ailes robustes et à leurs antennes largement pectinées. Quelque espèces volent en plein jour, ne se reposant que la nuit ou lorsque le soleil se cache. Ajoutons qu'ils ne prennent aucune nourriture, étant dépourvus de trompe. — Le *B. Quercus*, FF. 2, 190 (Pl. XIV, fig. 1). Le *Minime à bande*, 50 à 55 mill., est l'espèce la plus répandue partout ; ses quatre ailes sont d'un brun ferrugineux ; les supérieures sont traversées par une bandelette jaune, arquée, nettement coupée intérieurement et fondue extérieurement ; les inférieures ont la même bandelette, mais elle est simplement courbée et plus près du bord. En outre, le disque

des supérieures est orné d'un point blanc cerclé de noir.
♀ beaucoup plus grande, d'un jaune paille ou fauve,
avec la même bande et le même point blanc que le mâle.
Dans les deux sexes le corps participe de la couleur des
ailes. La chenille (Pl. XXIII, fig. 15) passe l'hiver et arrive à toute sa taille à la fin de juin, et file alors une
coque de la forme d'un gland ; on la trouve sur différents
arbres et arbustes. Le papillon éclot en juillet et vole à
l'ardeur du soleil avec une grande rapidité. — *B. Rubi*,
FF. 2, 192 (Pl. XIV, fig. 2). Le *Polyphage*, 50 mill. Les
quatre ailes sont d'un brun roux, avec deux lignes transverses blanchâtres, presque parallèles et presque droites
sur les supérieures. Les inférieures sans aucune ligne. ♀
plus grande, d'un brun grisâtre ou roussâtre, avec les
mêmes dessins que le mâle, sa chenille est connue sous
le nom vulgaire d'*Anneau du diable*, à cause de l'habitude qu'elle a de se rouler en anneau sitôt qu'on la
touche. Elle arrive à toute sa taille en octobre et passe
l'hiver sans se chrysalider. En avril elle devient beaucoup plus rare, ou du moins plus difficile à trouver ; elle
vit de plantes basses et principalement de carex. En mai
et juin le mâle vole en plein jour à la recherche de sa
femelle, toujours tapie dans l'herbe ou les buissons.
— *B. Trifolii*, FF. 2, 189 (Pl. XIV, fig. 3). Le *Petit Minime à bande*, 50 mill. Les quatre ailes sont d'un brun
ferrugineux ou marron, avec un point blanc, comme
chez *Quercus* et une ligne transverse, sur les supérieures ;
inférieures ordinairement sans ligne, mais quelquefois
avec une légère trace. ♀ plus grande, souvent plus foncée
et sans dessins, quelquefois plus claire et avec les mêmes
bandes que chez la femelle de *Quercus*. La chenille, qui

passe l'hiver très petite, arrive à toute sa taille à la fin de juin ; elle se chrysalide dans une coque semblable à celle de *Quercus*, et le papillon éclôt à la fin d'août ou en septembre. C'est sur les trèfles, la luzerne et le genêt qu'il faut chercher la chenille. — *B. Neustria*, FF. 2, 185 (Pl. XIV, fig. 4). La *Livrée*, 28 à 30 mill. Cette espèce a été ainsi nommée à cause des lignes longitudinales bleues, blanches, noires, rousses dont le corps de la chenille est orné ; celle-ci est très commune et cause souvent de grands dommages à nos arbres fruitiers qu'elle dépouille de toutes leurs feuilles, quoiqu'elle vive également sur presque tous les arbres. Le papillon éclôt en juillet ; il a les ailes d'un brun ferrugineux plus ou moins foncé, et quelquefois d'un jaune pâle et terne, avec deux lignes transverses, blanchâtres et un peu arquées dans leur milieu ; les inférieures ont une ombre peu apparente dans leur milieu. ♀ plus grande, d'un ton plus terne, avec une bande médiane d'un brun plus ou moins rougeâtre ; elle dépose ses œufs par anneaux autour des petites branches d'arbres. Il y a une seconde espèce très voisine de celle-ci, tant à l'état d'insecte parfait qu'à l'état de chenille ; c'est la *Livrée des prés*, *B. Castrensis*, FF. 2, 184 (Pl. XIV, fig. 5), dont le mâle a les ailes supérieures d'un jaune d'ocre, avec deux lignes ferrugineuses, et les inférieures d'un brun ferrugineux. ♀ plus grande, d'un brun plus ou moins clair ; avec une bande médiane plus foncée et bordée des deux côtés par deux lignes d'un blanc jaunâtre. La chenille ressemble beaucoup à celle de *Neustria*, mais elle est plus jolie et vit en société, dans son jeune âge, sous une tente de soie, mais elles se dispersent lorsqu'elles sont parvenues à l'âge adulte ; elles vivent alors solitairement sur différentes plantes basses, mais elles semblent préférer l'*hélianthème* et le *tithymale*, avec lesquels on l'élève très bien en captivité. Ne vivant que dans les bois, elle ne cause aucun dommage à nos vergers.

Le G. **Lasiocampa** a les antennes médiocrement longues, pectinées dans les deux sexes, mais plus fortement chez les mâles que chez les femelles ; la trompe rudimentaire ; les ailes plus ou moins dentelées, en toit dans le repos et les supérieures débordées latéralement par les inférieures. Les chenilles sont demi-velues, allongées, très aplaties en dessous et pourvues de chaque côté d'appendices hérissés de poils dirigés par en bas. Les premiers anneaux sont en outre ornés d'un ou deux colliers de couleur tranchée, soit d'un bleu foncé, soit d'un jaune d'or. Elles vivent solitaires sur les arbres, et leur transformation a lieu dans un cocon ovale et mou. Par leur couleur et la singulière disposition de leurs ailes dans le repos, on donne à ces papillons le nom de *Feuilles mortes*. — *L. Quercifolia*, FF. 2, 200 (Pl. XIII, fig. 4.) La *Feuille morte*, 55 mill. Les quatre ailes sont très dentelées ; elles sont ainsi que le corps d'un brun ferrugineux glacé de violet à leur extrémité, avec trois lignes noirâtres, transverses, ondulées ou festonnées, et plus ou moins bien accusées ; il y a aussi un petit point noir sur le disque des supérieures. ♀ semblable, mais plus grande. La chenille vit solitaire sur presque tous les arbres fruitiers, et aussi sur l'épine, le prunellier, le saule, etc. ; elle passe l'hiver très petite et collée contre les branches, et parvient à toute sa taille à la fin de juin ou au commencement de juillet. Le papil-

lon éclôt en juillet et se trouve assez communément.
— *L. Populifolia*, FF. 2, 200 (Pl. XIII, fig. 5). La *Feuille
morte du peuplier*, 50 à 55 mill. Assez voisine pour la
forme et les dessins de la précédente, mais les ailes sont
d'un jaune fauve, avec leur extrémité glacée de gris violâtre. ♀ beaucoup plus grande et plus pâle. Chenille sur
les peupliers et les saules ; hiverne très petite et arrive à
toute sa taille dans le courant de juin. Papillon en juillet.
Rare et toujours très recherché. — *L. Pruni*, FF. 2, 199
(Pl. XIII, fig. 6). La *Feuille morte du prunier*, 45 à
50 mill. Sa belle couleur d'un jaune fauve très vif, fera
toujours distinguer facilement cette espèce de toutes
celles du genre. Ses ailes supérieures sont également traversées par trois lignes, dont celle du milieu courbe, d'un
brun noirâtre et toujours mieux marquée que la première
et la troisième. Le disque est, en outre, orné d'un gros
point blanc ; inférieures plus clair, avec une bande arquée,
ferrugineuse, souvent à peine marquée. Corps de la couleur des ailes. ♀ plus grande et d'une couleur plus foncée. Sa chenille vit sur l'orme, le bouleau, le chêne,
le prunier, le pommier et arrive à toute sa taille dans
le courant de juin et de juillet, mais il est peu commun.
— *L. Betulifolia*, FF. 2, 201 (Pl. XIII, fig. 7). La *petite
Feuille morte*, 36 mill. Ailes supérieures d'un jaunâtre
plus ou moins ferrugineux, avec l'espace terminal d'un
gris bleuâtre, trois lignes transverses, maculaires et un
peu flexueuses ; les inférieures du même gris bleuâtre
ou blanchâtre, avec une ligne médiane et une bordure
terminale d'un brun obscur. Le corps participe à la couleur des ailes. ♀ semblable, mais un peu plus grande.
Chenille en août et septembre, sur le chêne, le bouleau et

différentes espèces de peupliers ; passe l'hiver en chrysalide et éclôt en avril et mai. Assez rare. — *L. Potatoria,* FF. 2, 196 (Pl. XIII, fig. 3). La *Buveuse,* 45 à 55 mill. Lés ailes de cette espèce ne sont point dentelées comme celles des autres *Lasiocampes,* les supérieures légèrement glacées de violâtre, avec la base d'un jaune fauve, et trois lignes ferrugineuses ; la première transverse, la deuxième oblique et presque droite, la troisième également oblique, mais très dentée. On voit en outre, sur le disque, un gros point ou plutôt un anneau blanc, surmonté d'un autre petit point blanc ; les inférieures sont de la même couleur que les supérieures ainsi que le corps, et sans aucune tache. ♀ beaucoup plus grande, mais d'un jaune paille ; les supérieures avec les mêmes dessins que le mâle ; les inférieures brunâtres dans leur moitié postérieure. Les mœurs de la chenille (Pl. XXIV, fig. 12) diffèrent également de celles des autres espèces de ce genre ; elle ne vit point sur les arbres, mais sur les graminées qui croissent au bord des étangs et des petits ruisseaux ; c'est le matin à la rosée, ou après une petite pluie, qu'il convient de la chercher, en juin. Papillon en juillet. Pas rare.

Le G. **Endromis** a les antennes pectinées en pointe obtuse dans les deux sexes, mais la pectination moitié moins large dans la femelle que dans le mâle ; ailes supérieures allongées, à sommet aigu ; les inférieures courtes. Chenille à peau lisse, amincie de la queue à la tête, avec le pénultième anneau en pyramide. Coque en soie, consolidée par des brins de mousses et de feuilles sèches. — *E. Versicolora,* FF. 2, 203 (Pl. XIV, fig. 6). Le *Versicolor,* 50 à 54 mill. Cette espèce est la plus belle et une des plus rares de tous les *Bombyx* ; ses ailes supérieures sont ferrugineuses, avec l'espace médian lavé de blanc par places et orné d'un croissant noir au bout de la cellule ; elles sont en outre traversées par deux lignes noirâtres, médianes : la première courbe et bordée de blanc du côté de la base, la deuxième très anguleuse et bordée de même à son côté externe. Dans l'espace terminal les nervures sont largement blanches, et l'angle du sommet est orné de trois taches blanches, triangulaires et de différentes grandeur ; inférieures d'un jaune roux, avec une ligne noirâtre, ondulée, suivie de taches brunes, formant une bande interrompue. Corps d'un jaune brun, avec un collier blanc. ♀ beaucoup plus grande, mais d'un ferrugineux terne, souvent blanchâtre. C'est par les journées chaudes et de soleil, en mars et avril, qu'il faut chasser cette belle espèce ; elle vole avec beaucoup de rapidité. Chenille en juillet sur le bouleau, le tilleul, l'aulne, le noisetier, etc.

Saturnidæ

Cette tribu renferme les plus grands papillons de l'Europe, et leurs chenilles sont également très belles. Ils sont facilement reconnaissables aux quatre grands yeux dont leurs ailes sont ornées, ce qui leur a fait donner le nom de *Paons de nuit*.

Le G. **Saturnia** a les antennes largement pectinées chez les mâles, simplement dentées et plus courtes chez les femelles ; la tête petite et enfoncée dans le corselet ; la trompe nulle ; les ailes grandes, les supérieures cachant très peu les inférieures. Les chenilles ont la tête petite, les anneaux très renflés, avec des tubercules élevés, de chacun desquels partent un petit nombre de poils raides et d'inégale grandeur. Elles se chrysalident dans des coques en forme de poire, d'un tissus épais et gommé, et terminées par une espèce de goulot étroit, formé de soies raides et s'ouvrant de dedans en dehors pour donner passage au papillon. — *S. Pyri*, FF. 2, 207 (Pl. XIV, fig. 10). Le *Grand Paon*, 110 à 120 mill. Les quatre ailes sont d'un gris plus ou moins foncé, avec l'espace terminal blanchâtre ou jaunâtre au sommet, et d'un brun noirâtre inférieurement ; le disque de chacune d'elles est orné d'un grand œil à iris d'un fauve obscur, bordé du côté du corps par un arc blanc, bordé lui-même par un demi-cercle d'un rouge pourpre ; le tout renfermé dans un cercle noir. Ces yeux sont compris entre deux lignes noirâtres et lavées de rougeâtre ; la première épaisse, brisée vis-à-vis de l'œil et n'atteignant pas la côte, la deuxième anguleuse ou en zigzag. ♀ semblable, mais plus grande. Cette espèce varie beaucoup ; on trouve souvent des individus chez lesquels la couleur blanche a envahi toute la côte ainsi que l'espace médian. Chenille (Pl. XXIII, fig. 13) reconnaissable à ses tubercules d'un bleu d'azur ou de turquoise ; elle vit en juillet et août, sur l'orme, le poirier, le pommier, l'amandier, le pêcher etc., et reste quelquefois deux ans en chrysalide. Papillon en avril et mai, dans le Centre et le Midi. — *S. Pavonia*, FF. 2, 207 (Pl. XIV, fig 9). Le *Petit Paon*, 60 mill. Même forme et mêmes dessins que le *Grand Paon*, mais ailes supérieures d'un brun sablé de rougeâtre et l'œil placé sur une tache blanche ; les inférieures d'un jaune fauve. ♀ beaucoup plus grande, d'un gris cendré plus ou moins foncé, quel-

quefois d'un gris rosé, et les quatre yeux placés sur des
espaces bleus ou blanchâtres. Dans leur jeune âge les
chenilles vivent en société sur les jeunes pousses de différents arbres et arbustes des forêts ; à la troisième mue
elles vivent solitairement, et arrivent à toute leur taille
en juillet ; elles filent leur coque dans les buissons, et le
papillon éclôt à la fin de mars ou au commencement
d'avril, quelquefois la 2e année. Il vole souvent en plein
soleil.

Le G. **Aglia** a les antennes en panache chez le mâle
et simplement dentées chez la femelle ; les ailes sont
larges et ornées chacunes d'une tache ocellée ; les chenilles sont armées dans leur jeune âge d'épines qu'elles
perdent après leur troisième mue ; elles se chrysalident
dans une coque informe composée de mousse et de feuilles
sèches retenues par quelques fils. — A. *Tau*, FF. 2, 208
(Pl. XIV, fig. 7). La *Hachette*, 60 à 65 mill. A les quatre ailes
d'un jaune fauve, avec une bordure marginale et le bord
interne des supérieures noirâtres. Chaque aile est en outre
ornée sur le disque d'un œil noir chatoyant en bleu dont
la prunelle est blanche et ressemble à un T. Le corps est
de la couleur des ailes. ♀ beaucoup plus grande, d'un
jaune d'ocre pâle, avec la bordure réduite à une ligne
noirâtre, et les yeux comme chez le mâle. Chenille en mai
et juin, sur le chêne, le hêtre, le charme, le bouleau ; elle se
chrysalide en juillet et août. Le papillon éclôt en mars et
avril ; le mâle vole en plein soleil avec beaucoup de rapidité à la recherche de sa femelle, qui reste immobile sur
les feuilles sèches, ou contre le tronc des arbres. Commune.

Notodontidæ

Si les *Notodontes* n'ont rien de remarquable à l'état parfait, il n'en est pas de même de leurs chenilles ; celles-ci ont souvent une conformation si bizarre et si anormale qu'il faut être déjà un peu initié pour croire qu'elles appartiennent à l'ordre des lépidoptères plutôt qu'à quelqu'animal inconnu. La nature purement élémentaire de ce volume ne nous permet pas de les décrire, et nous devons nous borner à les signaler quand nous décrirons les papillons.

Le G. **Harpyia** a les antennes pectinées ou plumeuses, se terminant en pointe recourbée dans les deux sexes, mais après la mort seulement ; les ailes supérieures courtes et arrondies. Les chenilles n'ont que quatorze pattes ; elles ont à la place des deux dernières, une espèce de double queue formée de deux appendices fistuleux et cornés, renfermant chacun un filet charnu qu'elles font sortir à volonté, ce qui a fait donner aux papillons de ce genre le nom de *Queues fourchues*. Les chrysalides sont contenues dans des coques très dures, composées de rognures de bois ou d'écorce et d'une matière gommeuse. — *H. Vinula,* FF. 2, 221 (Pl. XV, fig. 1). La *Queue fourchue,* 55 à 60 mill. C'est l'espèce de ce genre que l'on rencontre le plus souvent ; elle a les ailes supérieures blanches à la base, avec une ligne de points noirs et une bande cendrée, sinuée et bordée de noir ; le reste de l'aile est d'un gris blanchâtre, avec deux lignes transverses, très anguleuses et des points noirs marginaux ;

les inférieures sont d'un gris blanchâtre, un peu transparentes, avec des points le long du bord postérieur. Le
corps est de la couleur des ailes, avec six points noirs sur
le corselet, une ligne de chevrons noirs sur l'abdomen et
cinq raies transverses de chaque côté. ♀ plus grande et
d'un gris plus foncé. La chenille vit à découvert sur les
saules et les peupliers depuis le mois de juin jusqu'à la
fin d'août; sa coque est fixée entre les rides des écorces
et souvent près de terre ; comme toutes celles de ce genre,
elle est difficile à distinguer de l'écorce sur laquelle elle est
fixée. Papillon en avril et mai. — *H. Erminea*, FF. 2, 222
(Pl. XIV, fig. 11). L'*Hermine*. Cette espèce ressemble
beaucoup à la précédente, mais elle est plus jolie et un
peu plus petite ; ses ailes sont entièrement blanches, avec
beaucoup de lignes brisées et des points noirs sur les
supérieures. La frange des quatre ailes est entrecoupée
par des points noirs. L'abdomen est d'un noir bleu
depuis le corselet jusqu'au quatrième anneau inclusivement. La chenille (Pl. XXIV, fig. 5) qui ressemble aussi
à celle du *Vinula*, vit également sur les mêmes arbres et aux
mêmes époques, mais elle est plus rare ainsi que le papillon.
— *H. Furcula*, FF. 3, 219 (Pl. XV, fig. 2). La *Petite
Queue fourchue*, 37 mill. Ailes supérieures d'un gris
perle, traversées par une bande médiane d'un gris cendré,
bordée du côté interne par une ligne noire, droite, précédée
d'une ligne de points noirs ; et du côté externe par une
autre ligne noire, mais courbée en dedans. Ces deux lignes
bordées elles-mêmes de jaune orangé. Cette bande est
suivie de trois lignes noirâtres, flexueuses et obliques,
dont la dernière souillée de jaune et joignant une petite
bande cendrée, vers le sommet de l'aile. Les inférieures

sont blanches, avec une petite tache centrale brune, une bande antémarginale obscure et des points marginaux noirs. Corselet noirâtre avec un collier blanc et deux lignes transverses orangées, dont la dernière en fer à cheval. Abdomen gris, avec le bord des anneaux blancs. ♀ semblable. La chenille, qui est également une *Queue fourchue*, vit en juin, mais surtout en septembre et octobre, sur les peupliers. Papillon en avril et mai, puis en juillet. Pas commun.

Le G. **Stauropus** a les antennes pectinées, avec l'extrémité filiforme chez le mâle, simples dans toute leur longueur chez la femelle ; les ailes supérieures longues, étroites et à sommet assez aigu ; les inférieures courtes et arrondies. La chenille a la forme la plus étrange qu'il soit possible de voir ; elle n'a que quatorze pattes, des bosses triangulaires sur plusieurs anneaux, et une espèce de croupion terminé par deux queues fistuleuses et cornées. Dans le repos elle redresse ses deux extrémités, laisse pendre ses pattes écailleuses dont la 3e paire est très longue, et en cet état a quelque analogie avec un écureuil, et même avec une grosse araignée. Elle vit en août et septembre sur le hêtre, le chêne, le bouleau, l'aulne, etc. Elle se chrysalide dans un léger tissu de soie. En mai et juin, cette chenille bizarre donne naissance au *S. Fagi*, FF. 2, 223 (Pl. XV, fig. 3). L'*Écureuil*, 57 mill. Ses quatre ailes sont d'un gris cendré ; les supérieures sont un peu plus claires à leur base avec trois lignes transverses, flexueuses, d'un jaune d'ocre sale ; la ligne postérieure se réunit à celle du milieu vers le bord interne ; elle est formée de taches noires éclairées de blanchâtre intérieurement ; les inférieures sont unies. Le corps est d'un gris jaunâtre avec une petite brosse noire sur le dos des quatre premiers anneaux de l'abdomen. ♀ semblable, mais plus grande. Peu commune. Chenille (Pl. XXIV, fig. 10).

Le G. **Hylocampa** a les antennes pectinées, avec l'extrémité filiforme chez les deux sexes, mais les barbes sont plus longues chez le mâle que chez la femelle. Les ailes supérieures sont longues et étroites avec le sommet assez aigu; les inférieures sont courtes et arrondies. La chenille de l'unique espèce de ce genre est également très curieuse; elle a sur le dos des épines fourchues, le dernier anneau aussi fourchu, et, comme la précédente, elle relève la tête et la queue dans une attitude menaçante. Elle vit sur le chêne en août et septembre; elle se chrysalide dans une coque très dure, qu'elle place dans les crevasses des écorces, en faisant entrer dans sa composition des fragments de lichens qui la rendent si semblable à l'écorce qu'il faut un œil exercé pour la découvrir. — *H. Milhauseri*, FF. 2, 226 (Pl. XIV, fig. 8). Le *Dragon*, 40 mill. Ailes supérieures d'un gris blanchâtre, avec les nervures noirâtres et une bande médiane jaunâtre, plus ou moins prononcée. La côte est marquée d'une tache noirâtre et le bord interne de deux taches obliques, dont celle de la bosse divisée en deux par un trait blanc. Les inférieures sont blanches, avec une tache noire à l'angle anal. Le corps est gris; le corselet a une ligne noire bordée de blanc, et l'abdomen a trois petites aigrettes de poils noirs sur les trois premiers anneaux. ♀ un peu plus grande. Papillon en mai et juin dans les forêts de chênes. Très rare.

Le G. **Notodonta** a les antennes pectinées ou dentées

chez les mâles, filiforme chez les femelles. Les ailes supérieures ont au bord interne une dent qui est relevée sur le dos quand l'insecte est au repos ; le nom de *Notodonte* signifie *dent sur le dos*. Sans être aussi bizarre que celles dont nous venons de parler, les chenilles de ce genre sont néanmoins très remarquables ; deux ou trois des anneaux intermédiaires à partir du 4e sont surmontés chacun d'une bosse plus ou moins prononcée et l'avant-dernier est toujours relevé en pyramide. Pendant le repos elles relèvent les deux extrémités de leur corps en renversant leur tête en arrière. — *N. Dictæa*, FF. 2, 228 (Pl. XV, fig. 4). La *Porcelaine*, 48 à 50 mill. Les ailes supérieures sont d'un brun grisâtre, avec tout le milieu blanc et une tache costale noirâtre, oblongue, divisée par les nervures et aboutissant en pointe vers le sommet de l'aile ; le bord interne est jaunâtre et longé par une bande noire sur laquelle sont cinq traits blancs ; ligne terminale brune, précédée par une ligne blanche. Inférieures blanches avec le bord abdominal d'un gris jaunâtre, et l'angle anal marqué d'une tache noirâtre, sur laquelle il y a un petit croissant blanc. Corps gris avec les deux premiers anneaux de l'abdomen roussâtre. ♀ semblable. Pas rare en mai et juillet. Chenille en juin et septembre sur les peupliers, le saule et le bouleau. — *N. Zigzag*, FF. 2, 229 (Pl. XV, fig. 5). Le *Bois veiné*, 38 mill. Ailes supérieures d'un jaune chamois avec quatre lignes ferrugineuses, transverses, dont les deux premières ne dépassent pas le milieu de l'aile ; les deux suivantes courbes, plus larges et suivies d'une ligne terminale très noire. L'espace médian vers la côte est blanchâtre, avec un point noir suivi d'un croissant noir, tournant sa convexité du côté du corps; l'espace entre ce croissant et l'extrémité de l'aile est taché de brun noirâtre et forme une espèce d'œil. La dent du bord interne est noire et coupée par un trait jaunâtre. Inférieures blanches, avec le bord interne lavé de brunâtre. ♀ semblable, mais avec les inférieures plus foncées. Commun en mai et en août. Chenille (Pl. XXIII, fig. 18) depuis la fin de juin jusqu'en septembre, sur les mêmes arbres que l'espèce précédente. — *N. Dromedarius*, FF. 2, 232 (Pl. XV, fig. 6). Le *Chameau*, 40 à 42 mill. Ailes supérieures brunes, sablées de gris cendré, avec la base, l'espace terminal vers l'angle anal, et deux lignes médianes, transverses d'un jaune roussâtre. La ligne antéterminale est ferrugineuse et souvent maculaire. Le milieu de l'aile est en outre orné d'une lunule d'un blanc jaunâtre avec un petit trait brun au milieu. Les inférieures sont d'un gris cendré et traversées par une bande courbe et blanchâtre. ♀ semblable. La chenille n'est ordinairement pas rare sur le bouleau en juin et octobre, et le papillon en avril, mai et juin, puis en août et septembre. — *N. Tritophus*, FF. 2, 230 (Pl. XV, fig. 7). Le *Dromadaire*, 48 mill. Cette espèce ressemble beaucoup pour les dessins à l'espèce précédente, mais elle est plus grande, et la couleur de ses ailes supérieures est d'un brun noirâtre, nébuleux, avec la base, l'espace médian, et une bande antémarginale d'un jaune obscur. Les inférieures sont d'un blanc sale, avec une liture noire à l'angle anal. Le corps participe à la couleur des ailes. ♀ semblable, mais plus grande. Cette espèce est assez rare; on la trouve en mai, juin et août, dans lieux plantés de peupliers, arbres qui nourrissent la chenille en juillet et septembre. — *N. Tre-*

mula, FF. 2, 231 (Pl. XV, fig. 8). La *Timide*, 53 à 58 mill.
Est également voisine pour le port aux deux précédentes,
mais ses ailes supérieures sont d'un gris nébuleux, avec
les lignes ordinaires mal indiquées ; inférieures blanches
un peu transparentes, avec quelques atômes obscurs au
bord antérieur, et une ligne terminale brune. ♀ semblable. Chenille sur le chêne en août et septembre, se
chrysalide dans une coque brune, d'un tissu très lâche,
et donne naissance au papillon en mai et juin de l'année
suivante.

Le G. **Lophopteryx** a les antennes dentées du côté
interne chez les mâles, et ciliées chez les femelles. Les
ailes supérieures ont la frange fortement dentée et une
dent au milieu du bord interne. Les chenilles sont lisses,
ou garnies seulement de poils clairsemés, avec un tubercule à deux pointes sur l'avant-dernier anneau ; elles vivent
sur beaucoup d'arbres forestiers, et se chrysalident en
terre. — *L. Camalisia*, FF. 2, 238 (Pl. XV, fig. 9). La
Crête de coq, 35 mill. C'est à cause de la singulière attitude de cette espèce à l'état de repos, que les anciens
auteurs français lui ont donné ce nom vulgaire. Ses ailes
supérieures sont dentées, d'un jaune roux ou d'une couleur feuille morte, avec la côte marquée de petits points
blancs et ferrugineux, et deux lignes transverses, noires,
en zigzag, se réunissant vers la dent du bord interne ;
inférieures d'un jaune grisâtre, avec une bande plus
claire, courbe, divisant une tache anale, noirâtre et sablée
de bleu-lilas. Le corselet est de la couleur des supérieures
avec une crête dont le dessous est grisâtre. ♀ d'un jaune
roux, avec les lignes peu ou point marquées, ou simplement indiquées par des ombres ferrugineuses. Le papil-

lon est commun et se trouve souvent appliqué sur le tronc des arbres en mai et juin. Chenille sur tous les arbres forestiers depuis juillet jusqu'en octobre. — *L. Cucullina*, 35 mill. FF. 2, 239 (Pl. XV, fig. 10). Le *Capuchon*. Cette espèce est assez voisine de la précédente pour la taille, la forme et la couleur ; elle s'en distinguera toujours facilement par une bande terminale d'un blanc luisant, marquée d'un trait noir dans son milieu. ♀ semblable. Chenille en août et septembre sur l'érable champêtre, l'alisier et l'orme. Papillon en mai et juin. Rare.

G. **Pterostoma**. Antennes pectinées dans les deux sexes, mais plus largement chez le mâle que chez la femelle. Palpes très longs, comprimés et réunis en forme de bec ou de museau. Ailes supérieures ayant une dent au milieu du bord interne. Ce genre ne renferme qu'une espèce dont la chenille lisse et atténuée aux deux bouts se chrysalide en terre. — *P. Palpina*, FF. 2, 241 (Pl. XV, fig. 11). Le *Museau*, 40 à 45 mill. Les ailes supérieures dentées, d'un gris blanchâtre ou jaunâtre, avec les nervures finement pointillées de noirâtre, et deux séries transverses de petits points blancs, séparées par une bande obscure. Le bord interne a deux dents, dont celle de la base garnie d'une frange noirâtre. Les inférieures sont d'un gris obscur, avec une bande transverse plus claire. Corps d'un gris jaunâtre. Corselet à crête avec un collier blanc. Abdomen terminé en queue d'oiseau. ♀ semblable. Au repos cette espèce a également une attitude bizarre, due à la longueur de ses palpes allongés en avant et à sa queue fourchue ; elle est assez commune en avril et mai, puis en juillet et août. Chenille en juin, août et septembre sur le peuplier, le saule et le tilleul ;

on trouve fréquemment la chrysalide en la cherchant l'hiver au pied de ces arbres.

Le G. **Diloba** ne comprend qu'une seule espèce dont la chenille est courte, épaisse, paresseuse et garnie de tubercules surmontés chacun d'un petit poil court. Elle vit en mai sur tous les arbres fruitiers auxquels elle est souvent très nuisible. Elle est également commune dans les bois sur le prunellier et l'aubépine. Le papillon a les antennes pectinées chez le mâle et finement crénelées chez la femelle ; les ailes supérieures assez larges et sans dent au bord interne. — *D. Cæruleocephala*, FF. 2, 245 (Pl. XV, fig. 12). Le *Double Oméga*, 37 mill. Ailes supérieures d'un gris brunâtre, ou couleur d'agate brune, avec deux lignes médianes noires et très sinueuses ; mais ce qui caractérise le mieux cette espèce, ce sont les deux taches ordinaires qui sont grandes, obliques, d'un blanc bleuâtre et imitant deux omégas ou deux 8 réunis. Les inférieures sont d'un gris cendré, avec une bande plus obscure et une tache noire à l'angle anal. Le corselet est d'un gris bleuâtre ainsi que la tête, ce qui l'a fait aussi nommer *Bombyx à tête bleue*. ♀ semblable. Commune en octobre.

Le G. **Pygæra** a les antennes plutôt crénelées que pectinées chez les mâles, simples ou filiformes chez les femelles, l'article de la base environné d'un faisceau de poils en forme d'oreille ; les ailes supérieures longues avec leur frange dentelée. Chenilles longues, molles, demi-velues et rayées longitudinalement avec la tête forte et globuleuse. Elles vivent sur plusieurs arbres forestiers, chênes, peupliers, bouleaux, etc., depuis juillet jusqu'en octobre et se chrysalident en terre, sans former de coque

— *P. Bucephala*, FF. 2, 247 (Pl. XV, fig. 13). La *Lunu-
lée*, 55 mill. Cette belle espèce a les ailes supérieures d'un
gris argenté, plus foncé et moins brillant vers la côte,
avec deux doubles lignes transverses, noires et ferrugineuses, dont la seconde est courbe vers le sommet de
l'aile, et enveloppe une grande tache d'un jaune pâle,
maculée de brun clair. Inférieures d'un blanc jaunâtre
luisant. Corselet d'un gris argenté, avec toute la partie
antérieure d'un jaune paille, abdomen d'un jaune d'ocre
sale, avec une ligne de points noirs de chaque côté ♀
plus grande. Commun en mai et juin. Chenille (Pl. XXIII,
fig, 14).

Cymatophoridæ.

Les chenilles de cette tribu ont seize pattes; elles sont
rases, d'une consistance molle, plus ou moins aplaties en
dessous; elles vivent sur les arbres et les arbustes, souvent renfermées entre deux feuilles liées avec de la
soie.

Le G. *Thyatira* a les antennes filiformes dans les deux
sexes; les ailes larges et luisantes, le corselet court,
bombé et tronqué antérieurement. La chenille de l'unique
espèce de ce genre a son dos un peu relevé en bosse à
partir du 4e anneau jusqu'au 11e, avec une suite d'éminences triangulaires et peu saillantes. — *T. Batis*, FF.
2, 254 (Pl. XV, fig. 14). La *Noctuelle Batis*, 35 à 38 mill.
Les ailes supérieures de cette jolie espèce sont d'un vert
brun ou olive; elles sont décorées de cinq grandes taches
d'un rose tendre dont le milieu est lavé de brun, la 5e

toujours plus petite vers le milieu du bord interne. Les inférieures sont d'un gris obscur, avec la base, une raie transverse et la frange jaunâtre. ♀ semblable. On trouve la chenille en septembre et octobre sur différentes espèces de ronces ; elle vit à découvert sur les feuilles, et au repos prend la forme d'un fer à cheval. Le papillon n'est pas rare dans le Nord, en mai et juin.

Le G. **Cymatophora** a les antennes striées circulairement dans les deux sexes ; très épaisses chez le mâle et grêles chez la femelle ; le corselet convexe, arrondi, laineux ; les ailes supérieures assez larges, à lignes nombreuses et très distinctes. Les chenilles sont lisses, à peau fine et plissée, à tête grosse, vivant sur les arbres et renfermées entre deux feuilles liées avec de la soie. — *C. Flavicornis*, FF. 2, 260 (Pl. XV, fig. 15). La *Flavicorne*, 38 mill. Ailes supérieures d'un joli gris cendré, blanchâtre à la côte, avec la base traversée par quatre lignes noirâtres, ondulées, se réunissant vers la côte ; une seconde bande de trois lignes est située un peu au delà du milieu de l'aile, puis une ligne isolée partant de l'angle du sommet, où elle commence par un trait noir et se continue en festons. Tache orbiculaire grande, verdâtre, avec un point obscur au milieu. Inférieures d'un gris obscur, avec une bande plus foncée longeant le bord terminal, et au delà deux lignes parallèles et flexueuses. *Antennes d'un fauve rougeâtre, avec la base blanche.* ♀ semblable. Chenille en juin et juillet dans les taillis de bouleaux, quelquefois sur les peupliers et les chênes. On se procure facilement ce papillon en battant les arbres en mars et avril. — *C. Ocularis*, FF. 2, 255 (Pl. XV, fig. 16). L'*Octogésime*, 38 mill. Les ailes supérieures de cette espèce sont plus larges et moins allongées au sommet que chez la précédente ; elles sont d'un gris nuancé de violet, avec une bande médiane d'un blanc jaunâtre, bordée des deux côtés par une double ligne d'un brun noir, sur laquelle on voit trois points noirs disposés en triangle et bordés de blanc jaunâtre, de manière à figurer assez nettement le n° 80 ou 08, ce qui distingue facilement cette espèce de toutes les autres. Les inférieures sont comme celles de *Flavicornis*. Chenille en juin et juillet, puis en août et septembre sur les peupliers. Papillon en avril, mai, juillet et août. — *C. Or*, FF. 2, 256 (Pl. XV, fig. 17). La *Noctuelle or*, 38 mill. A la taille et la forme de la précédente à laquelle elle ressemble beaucoup, ailes supérieures d'un gris cendré légèrement verdâtre, avec deux bandes sinueuses, transverses, formées de lignes brunâtres ; la première de ces bandes, près de la base et formée de quatre lignes, la seconde de trois lignes ; entre ces deux bandes on remarque les deux taches ordinaires, qui sont contiguës, d'un blanc soufré, avec un trait noir dans la plus grande. Les inférieures sont d'un cendré jaunâtre, avec une raie transverse plus pâle et peu marquée ; antennes roussâtres. ♀ semblable. Chenille depuis juin jusqu'en octobre sur les peupliers et les bouleaux. Papillon assez commun pendant presque tout l'été. — *C. Ridens*, FF. 2, 261 (Pl. XV, fig. 18). La *Tête rouge*, 37 mill. Ailes supérieures d'un vert foncé nuancé de vert plus clair ou de blanc, avec deux lignes transverses ondulées, d'un blanc verdâtre et bordées de noir. La ligne subterminale commence à l'angle du sommet, par un trait noir et se continue en formant une ligne blanche en zigzag, toutefois cette ligne n'est pas visible chez tous les individus. La frange est précédée par une ligne noire, festonnée et bordée de blanc verdâtre. Les inférieures sont d'un gris blanchâtre, luisant, avec les nervures et le bord marginal noirâtres, antennes fauves. Ce n'est pas le papillon qui a la tête rouge, mais la chenille, qui est très jolie et vit en juin et septembre sur le chêne. Le papillon est assez commun en avril et mai sur le tronc des gros arbres.

NOCTUÆ.

Les **Noctuelles** à l'état parfait ont des formes et des mœurs très variées, leurs ailes sont petites relativement au corps et leurs couleurs sont généralement peu brillantes. Pendant le jour la plupart de ces insectes se cachent, soit dans le feuillage, les trous des murailles ou les crevasses des écorces, soit sous les feuilles sèches, les pierres, ou les chaperons des murs. Cependant quelques espèces volent à l'ardeur du soleil, ou lorsqu'elles sont dérangées dans leur retraite ; la forme des ailes supérieures varie entre le triangle et le trapèze ; les inférieures sont plus larges et presque toujours arrondies au bord terminal ; ordinairement elles sont incolores et sans dessins. Les ailes supérieures sont généralement ornées de quatre lignes transverses, et de deux taches nommées *ordinares*. La première est en forme d'anneau, elle est ronde ou ovale et se nomme *orbiculaire* ; la seconde est généralement plus grande ; elle est en forme d'oreille ou de rein et se nomme *réniforme*. Les antennes sont de formes très variées et sont garnies de lames ou de cils presque droits, clairs et flexibles. Les chenilles sont également. de formes très diverses ; en général elles sont allongées, cylindriques, quelquefois courtes et trapues ; elles vivent soit sur les arbres et les plantes basses, soit dans les tiges de certains végétaux, soit dans la terre où elles se nourrissent de racines ; celles qui vivent à découvert sont souvent ornées de couleurs assez agréables, tandis que les autres sont de couleurs livides et comme décolorées. (Voir pour plus de détails la **Faune Française**, le **Guide de l'amateur d'insectes** et le **Guide de l'éleveur de chenilles**.)

Bryophilidæ

Chenilles à seize pattes, courtes, rases, à points luisants et portant quelques poils, se nourrissant des lichens qui croissent sur les arbres et les pierres. Chysalides non enterrées.

Le G. **Bryophila** ne contient que de petites espèces, dont les antennes sont simples ou pubescentes chez les mâles et filiformes chez les femelles ; leurs ailes sont assez larges, et l'abdomen grêle et légèrement crêté. Les chenilles vivent des lichens qui croissent sur les pierres, les vieilles murailles, les arbres, se cachant pendant le jour et ne mangeant que le soir ou le matin, quand la rosée a humecté et ramolli les lichens. — *B. Algæ*, FF. 3,4 (Pl. XVI, fig. 1). La *Chloé*, 22 mill. Cette jolie petite espèce a toute la base de l'aile d'un vert clair, avec quelques taches noires ; l'espace médian d'un brun foncé et l'espace terminal d'un vert varié de brun et de blanchâtre ; les taches ordinaires noires, avec une éclaircie blanche ou un peu jaunâtre sur la réniforme. Les ailes inférieures sont d'un brun clair, avec un liseré blanchâtre, une ligne obscure et un point cellulaire, visibles surtout en dessous. ♀ semblable. Chenille sur les lichens des arbres sous lesquels elle se cache pendant le jour, en mai. Papillon en juin et juillet sur le tronc des arbres, se confond avec le vert des écorces. — *B. Perla*, FF. 3, 5 (Pl. XVI, fig. 2). La *Perle*, 25 mill. Ailes supérieures d'un blanc très légèrement jaunâtre ou bleuâtre, avec la côte marquée de petits traits noirs, les lignes ordinaires ondulées, noirâtres, et les deux taches médianes grandes, d'un gris bleuâtre. Inférieures grises, avec un point central noirâtre et deux lignes transverses plus foncées. ♀ semblable. Chenille en mai et juin sur les lichens des murs et des pierres exposés au soleil ; se cache pendant le jour dans un petit trou qu'elle ferme avec de la soie. Papillon en juillet et août. Commun sur les murs, les quais et les parapets des ponts. — *B. Glandifera*, FF. 3, 6 (Pl. XVI, fig. 3). La *Noctuelle du lichen*, 28 mill. Un peu plus grande, mais mêmes mœurs que la précédente avec laquelle on la trouve, et aux mêmes époques ; se distingue de *Perla* par la couleur de ses ailes supérieures qui est d'un vert tendre, avec les lignes noires bordées de blanc. Elle offre une variété également commune, dont les ailes supérieures sont d'un vert grisâtre, avec tous les dessins plus confus.

Bombycoidæ.

Chenilles à seize pattes égales, épaisses, cylindriques, à verrues plus ou moins garnies de poils, vivant à découvert sur les arbres et les plantes. Chrysalides renfermées dans des coques filées entre les branches ou les mousses, et non enterrées. Ailes plus ou moins larges et en toit aigu dans le repos.

Le G. **Diphthera** a les antennes veloutées chez les mâles et simples chez les femelles ; les ailes sont larges, entières, et à dessins noirs et bien tranchés. Les chenilles sont demi-velues et se métamorphosent entre des feuilles dans des coques d'un tissu mou. — *D. Orion*, FF. 3, 7 (Pl. XVI, fig. 4). L'*Avrillère,* 35 mill. C'est une des plus jolies noctuelles de nos pays ; ses ailes supérieures sont d'un beau vert-de-gris, avec la côte, le bord interne et deux bandes longitudinales d'un blanc rosé. Les lignes et les taches ordinaires sont épaisses, très anguleuses et d'un noir vif. Frange entrecoupée de noir et de blanc, précédée par une rangée de sept points noirs triangulaires, accolés à autant de petits traits blancs. Inférieures noirâtres, avec la frange coupée de blanc et une double liture blanche à l'angle anal. Chenilles sur le chêne en août et septembre, et papillons en mai et juin. Pas rare.

Le G. **Acronycta** n'offre rien de remarquable quant aux papillons, mais la plupart des chenilles sont très jolies ; elles sont cylindriques et plusieurs portent sur le dos un ou deux mammelons charnus et garnis de poils.

Chrysalides dans des coques entre les mousses ou les écorces. Chez plusieurs espèces, les papillons portent sur leurs ailes supérieures un dessin imitant la lettre grecque ψ dont l'espèce suivante porte le nom. — A. *Psi*, FF. 3, 11 (Pl. XVI, fig. 5). Le *Psi*, 36 mill. Ailes supérieures d'un gris blanchâtre, avec plusieurs lignes noires, dont une part du corselet et s'avance longitudinalement jusqu'au tiers de l'aile où elle se termine par une espèce de trident; deux autres lignes également horizontales sont situées près du bord terminal où elles sont croisées par une ligne transverse, et forment alors la lettre dont nous avons parlé. Un petit *x* se voit aussi dans l'espace médian et figure les deux taches ordinaires. Les inférieures sont d'un gris plus ou moins blanchâtre et luisant. ♀ semblable, avec les inférieures plus foncées. La chenille a un tubercule charnu sur le 4ᵉ anneau : elle vit principalement sur l'orme, mais se trouve aussi sur les arbres fruitiers et forestiers depuis avril jusqu'à la fin de l'automne; elle est commune ainsi que le papillon, qui paraît en mai et en août et se trouve souvent appliqué sur le tronc des ormes. — A. *Tridens*, FF. 3, 12 (Pl. XVI, fig. 6), 36 mill. Le *Trident* ne diffère du *Psi* que par la couleur de ses ailes supérieures qui sont d'un gris vineux ou rougeâtre, et les inférieures du mâle qui sont ordinairement plus blanches; il est aussi moins commun. Chenilles en août et septembre sur le poirier, le prunellier, l'aubépine, la ronce, etc. Papillons en mai et juin. — A. *Aceris*, FF. 3, 14 (Pl. XVI, fig. 7), 40 mill. La *Noctuelle de l'érable*. Ce qu'il y a de plus remarquable dans cette espèce, c'est sa belle chenille, avec son dos orné de taches blanches d'où partent des pinceaux de

poils jaunes et divergents. Elle vit en août et septembre
sur plusieurs arbres, mais elle semble préférer le marronnier d'Inde, dont elle dévore souvent toutes les feuilles.
Le papillon a les ailes supérieures d'un gris blanchâtre,
quelquefois un peu teintées de jaunâtre, avec la côte
ornée de plusieurs points noirâtres, et les deux lignes
ordinaires doubles, la dernière éclairée de blanc entre les
deux lignes. Inférieures blanches, avec les nervures d'un
gris roussâtre. ♀ d'un gris plus foncé, avec toutes les
lignes mieux écrites. Chrysalide dans une coque formée
avec les poils de la chenille (Pl. XXIV, fig. 7); elle y
passe l'hiver et le papillon éclôt au printemps. — *A.
Megacephala*, FF. 3, 15 (Pl. XVI, fig. 7). La *Grosse-Tête*,
42 mill. Même taille et mêmes dessins que la précédente,
mais ses ailes supérieures sont d'un *gris noirâtre souvent
teinté de rosé;* la tache orbiculaire est plus grande, plus
claire, et se détache mieux sur l'espace médian. La chenille est plate et demi-velue ; elle vit en août et septembre
sur le peuplier, le tremble, le bouleau et se chrysalide
en terre ou sous les écorces. Elle est commune ainsi que
le papillon qui éclôt en mai et juin. — *A. Rumicis*, FF.
3, 17 (Pl. XVI, fig. 9). La *Noctuelle de la patience*, 35 mill.
Cette espèce est des plus communes ; ses ailes supérieures
sont d'un gris noirâtre, avec les lignes et les taches ordinaires noires, mais souvent confondues dans la couleur
du fond. Ce qui la caractérise le mieux, c'est une petite
tache blanche (quelquefois deux), située un peu au delà
du milieu du bord interne. Les inférieures sont d'un gris
enfumé, avec le bord terminal lavé de noirâtre et la
frange entrecoupée de gris. La chenille est assez jolie ;
elle a des tubercules piligères et des taches rouges et

blanches sur les côtés. Elle vit depuis juin jusqu'en septembre sur toutes sortes de plantes basses. Elle est commune ainsi que le papillon qui paraît depuis avril jusqu'en septembre.

Leucanidæ.

Les papillons de cette tribu ont les antennes pubescentes ou crénelées ; les ailes oblongues, de couleurs pâles ou ternes, peu chargées de dessins, à lignes et taches peu distinctes, souvent striées dans leur longueur et en toit incliné dans le repos. Les chenilles ont seize pattes ; elles sont cylindriques, allongées, rases, sans éminences et de couleurs pâles.

Dans le G. **Leucania**, les chenilles sont marquées d'un grand nombre de lignes longitudinales de diverses couleurs ; elles vivent de graminées et se cachent pendant le jour, soit au pied des plantes, soit sous les feuilles sèches, et se chrysalident sur la terre dans des coques légères. — *L. Pallens,* FF. 3, 40 (Pl. XVI, fig. 10). La *Blême*, 32 mill. C'est une des plus communes du genre ; ses ailes supérieures sont d'un jaune d'ocre roussâtre pâle, avec les nervures plus claires et de légères nuances carnées entre elles. Il y a aussi trois petits points noirs en triangle sur le disque, dont deux manquent souvent. Les inférieures sont d'un blanc pur. ♀ avec les inférieures sablées de noirâtre dans leur milieu. Chenilles sur les graminées en mars, avril et août. Papillons de juillet en septembre ; se prend facilement le soir à la lanterne — *L. L. album,* FF. 3, 35 (Pl. XVI, fig. 11). Le

Crochet blanc, 30 mill. Ailes supérieures d'un gris jaunâtre, avec la côte plus claire et une ombre brune s'étendant longitudinalement de la base de l'aile jusqu'au bord
externe. Cette ombre est coupée par une bande oblique,
de la couleur du fond, et au-dessous de cette bande, une
autre plus courte et de la même couleur. Mais ce qui
distingue facilement cette espèce, c'est *un trait blanc
terminé par un petit crochet, et figurant assez bien un L.*
♀ semblable. Chenilles dans le voisinage des marais et
des prairies humides, en avril et août. Papillons en juillet,
septembre et octobre. Se prend facilement à la miellée.
— *L. Lithargyria*, FF. 3, 28 (Pl. XVI, fig. 12). L'*Argentée*. C'est à cause du dessous des ailes, qui est d'un
blanc métallique brillant, que ce nom vulgaire a été
donné à cette espèce, car le dessus est d'un gris rougeâtre ou ferrugineux, *avec un point blanc se fondant par
en haut dans une lunule claire, qui forme avec lui la tache
réniforme*. Inférieures d'un gris luisant, teinté de brun
vers la frange, qui est rougeâtre. Dessous des quatre ailes
d'un brillant métallique avec un bouquet de poils noirs
à la base de l'abdomen. ♀ semblable, mais non brillante en dessous et sans bouquet de poils noirs à l'abdomen. Chenilles en avril, pendant l'hiver, sur les graminées, surtout sur les espèces à feuilles rudes. Papillons
en mai et juin, puis en août et septembre. — L'*Albipuncta*, FF. 3, 29 (Pl. XVI, fig. 13). Le *Point blanc*.
Taille et forme de la précédente, avec laquelle elle est
souvent confondue; ailes supérieures plus ferrugineuses,
avec le point blanc toujours marqué, isolé, ne se confondant pas dans une lacune claire, comme chez *Lithargyria*. ♀ se distinguant du mâle par les mêmes carac

tères que la précédente. Chenilles et papillons aux mêmes époques et sur les mêmes plantes et aussi sur les plantains. C'est en février et mars qu'il faut chercher ces deux chenilles, en secouant les feuilles sèches sur la nappe ou dans le parapluie. — *L. Turca*, FF. 3, 28 (Pl. XVI, fig. 14). La *Turque*, 42 mill. C'est la plus grande de toutes les *Leucanies ;* ses ailes supérieures sont d'un fauve rougeâtre finement jaspé de brun rouge, avec l'espace médian plus foncé et deux lignes médianes brunes, bien marquées, et plus écartées entre elles à la côte qu'au bord interne. Entre ces deux lignes, un petit trait blanc bordé de brun, figurant la tache réniforme ; l'orbiculaire nulle. Inférieures d'un gris rougeâtre. ♀ semblace. Chenilles en février, mars et avril sur les graminées des bois. Papillons en juillet et août. Assez commun dans le Nord.

Le G. **Nonagria** diffère du précédent par la manière de vivre de ses chenilles ; elles sont allongées, vermiformes, décolorées et munies de plaques cornées très distinctes. Elles vivent et subissent leurs métamorphoses dans l'intérieur des plantes aquatiques dont elles se nourrissent en mangeant la moelle, et où elles se ménagent une ouverture latérale pour la sortie du papillon. Mais si les chenilles sont assez communes dans les mares et les étangs où croissent les plantes qu'elles préfèrent, *roseau à balai, massette*, etc., il n'en est pas de même du papillon que l'on ne peut guère se procurer que le soir au crépuscule ou à la lanterne ; d'un autre côté, on ne peut pas élever les chenilles, vu leur manière de vivre. Pour réussir, il faut de toute nécessité chercher les chrysalides vers la fin de juillet ; on s'aperçoit de leur présence à l'aspect des roseaux dont la tige est flétrie et les feuilles jaunes ; on coupe cette tige à sa racine et arrivé chez soi, on la met dans un vase d'eau, en l'entourant d'une toile légère. — *N. Typhæ*, FF. 3, 49 (Pl. XVI, fig. 15). La *Noctuelle de la massette*, 40 mill. Ailes supérieures d'un brun marron clair, avec les nervures blanches et les taches ordinaires un peu plus claires et se rejoignant par en bas. La seconde ligne médiane est indiquée par une série de points noirs ; elle est suivie par une autre série de petits traits noirs, placés entre les nervures. Frange précédée de petites lunules. Inférieures d'un blanc jaunâtre, avec les nervures plus claires, un point cellulaire et des lunules terminale noirâtres. ♀ plus grande et d'un gris jaunâtre. On trouve quelquefois des individus dont les ailes supérieures sont d'un brun foncé. — *N. Geminipuncta*, FF. 3, 45 (Pl. XVI, fig. 16). La *Nonagrie des marais*, 30 mill. Ailes supérieures très variables pour la couleur qui est d'un fauve testacé ou ferrugineux, et plus ou moins lavé de brun, avec une petite tache blanche dans leur milieu ; les lignes ordinaires presque toujours invisibles et l'extrémité des nervures quelquefois pointillées de blanc. Inférieures d'un gris plus ou moins brunâtre, avec la frange jaunâtre. Chenilles dans les tiges du roseau à balai, en juillet. Papillons en août.

Apamidæ.

Les chenilles des *Apamides* ont seize pattes ; elles sont cylindriques, épaisses, rases, de couleurs livides, luisantes, et vivent cachées, soit sous les herbes, soit à la racine des plantes et même dans les tiges. Chrysalides enterrées et renfermées dans des coques de terre agglutinée.

Dans le G. **Gortyna** les antennes du mâle sont crénelées de cils courts ; les ailes supérieures aiguës à l'angle du sommet, avec les trois taches bien distinctes ; l'abdomen beaucoup plus allongé chez le mâle que chez la femelle. Les chenilles vivent dans l'intérieur des tiges à la manière des *Nonagries*. — *G. Flavago*, FF. 3, 55 (Pl. XVI, fig. 17). Le *Drap d'or*, 38 à 40 mill. Cette belle espèce a les ailes supérieures d'un jaune d'or sablé de brun rouge, avec deux larges bandes d'un brun pourpré, la 1re vers la base, et la 2e vers l'extrémité ; les lignes et les nervures sont d'un brun rouge et les taches ordinaires sont plus claires, bien marquées ; l'orbiculaire est ronde et la réniforme grande et à centre roux. Les inférieures sont d'un fauve pâle, avec une lunule et une bande noirâtre. Chenilles dans les tiges de plusieurs plantes, sureau, bardane, yèble, bouillon-blanc, en juillet. Papillons en août et septembre. Pas rare quand on sait trouver la chenille.

Le G. **Hydræcia** diffère du précédent par les mœurs de ses chenilles, car elles ressemblent aux *Gortynes* par leur forme et par leur couleur, mais elles vivent cachées entre les racines ou les feuilles basses des iris et des carex. Elles se chrysalident dans des coques de terre agglutinée. — *H. Nictitans*, FF. 3, 56 (Pl. XVI, fig. 18), 32 mill. L'*Éclatante* a les ailes supérieures d'un brun rougeâtre uniforme, avec les lignes ordinaires faiblement écrites en brun ; mais elle est bien caractérisée par sa tache réniforme, qui est grande, d'un blanc jaunâtre, et tranche vivement sur le fond ; l'orbiculaire est petite, ronde et d'un jaune rougeâtre. Ces deux taches sont quelquefois d'un jaune plus ou moins roussâtre. Inférieures obscures. ♀ semblable. Chenille cachée sous terre et vivant de racines. Papillon en août et peu commun.

Le G. **Axilia** a les antennes filiformes et cylindriques dans les deux sexes ; les ailes supérieures oblongues, à dessins longitudinaux ; les inférieures bien développées. Chenilles de couleur sale, avec le 11° anneau relevé en bosse, vivant de plantes basses et chrysalides enterrées. — A. *Putris*, FF. 3, 59 (Pl. XVI, fig. 19). La *Putride*, 32 mill. Ailes supérieures d'un jaune pâle, avec la côte, quelques lignes longitudinales, et souvent une tache à l'angle interne brunes. Les taches ordinaires sont cerclées de brun, avec le centre bleuâtre ; elles sont suivies d'une double ligne transverse, formée de points noirs placés sur les nervures. Inférieures un peu transparentes, avec un point cellulaire et une série terminale de points bruns. Tête et collier jaune paille. ♀ semblable. Chenille en mai et août ; vit cachée en terre où elle ronge les racines de différentes plantes. Papillon en juin, juillet et septembre. Assez commun.

Le G. **Xylophasia** a les antennes longues, garnies de cils ou de dents pubescentes chez les mâles ; les ailes supérieures allongées, denticulées et à dessins longitudinaux Les chenilles sont grosses, cylindriques, luisantes, de couleurs sales, à points verruqueux luisants ; elles vivent de racines et se cachent pendant le jour sous les pierres ou les plantes basses. — X. *Polyodon*, FF. 3, 63 (Pl. XVI, fig. 20). La *Monoglyphe*, 49 mill. C'est en juin et juillet que l'on trouve souvent cette grosse noctuelle appliquée contre les murs et le tronc des arbres ; ses ailes supérieures sont d'un brun plus ou moins rougeâtre, avec une assez grande tache d'un gris blanchâtre au bord interne. Les lignes transverses forment des angles très aigus, d'un ton plus clair que le fond et bordées de quelques traits noirs ; les taches sont grandes et finement dessinées en noir, l'orbiculaire ovale et oblique. Inférieures claires, avec leur extrémité lavée de brun noirâtre et la frange plus claire. ♀ semblable. Chenille en avril et mai ; vit dans la terre de racines de plantes herbacées. Commune.

Le G. **Dypterygia** a les antennes minces, courtes, filiformes dans les deux sexes. Les ailes supérieures larges, à frange dentelée, avec une dent plus profonde à l'angle interne. La chenille de l'unique espèce de ce genre est allongée, rose, atténuée en avant, renflée en arrière, avec le 11e anneau un peu relevé ; elle ne vit pas sur les pins ainsi que le nom du papillon peut le faire supposer, mais de plantes basses, principalement d'oseille, en avril et octobre. Elle se chrysalide en terre. — *D. Pinastri*, FF. 3, 67 (Pl. XVI, fig. 21). La *Phalène du pin*, 35 mill. Ailes supérieures d'un brun noir, *avec le bord interne et une large tache à l'angle interne, irrégulière, d'un gris rougeâtre, marquée de traits bruns*. Cette tache bordée intérieurement par une ligne noire, festonnée. Les lignes ordinaires sont très fines, noires ainsi que le contour des taches. Inférieures d'un gris noirâtre uni. ♀ semblable. Papillon en juin et juillet dans les jardins et les prairies ; butine au crépuscule.

Le G. **Mamestra** a les antennes longues, simples ou

dentées ; les ailes de couleurs sombres, mais à taches et à lignes distinctes ; les chenilles sont allongées, rases, de couleurs livides, vivant de plantes basses et se cachant pendant le jour. Chrysalides enterrées et renfermées dans des coques de terre. — *M. Brassicæ*, FF. 3, 98 (Pl. XVI, fig. 22). La *Brassicaire*, 40 à 45 mill. Est ainsi nommée parce que sa chenille vit aux dépens des choux de nos potagers, auxquels elle est très nuisible. Dans sa jeunesse elle se contente des feuilles extérieures, mais plus tard elle pénètre jusqu'au cœur, et comme elles sont souvent plusieurs ensemble, elles dévorent tout l'intérieur sans qu'il y paraisse au dehors. Le papillon varie beaucoup pour la couleur qui est plus ou moins brune et plus ou moins nuancée de jaunâtre, avec les trois premières lignes confusément indiquées ; la 4ᵉ est blanche, ondulée et forme un M dans son milieu. Les taches sont de la couleur du fond, mais la réniforme est bordée de 'blanc. Inférieures d'un gris enfumé, avec une lunule brune sur le disque. Le papillon est commun partout en mai et juin. — *M. Persicariæ*, FF. 3, 99 (Pl. XVI, fig. 23). La *Polygonière*. Assez voisine de la précédente pour les dessins, mais différente par sa couleur qui est d'un brun noir nuancé de bleuâtre dans les individus bien frais, et s'en distinguent facilement par sa tache réniforme, d'un beau blanc, avec un croissant roux dans son milieu. Inférieures blanches dans leur moitié supérieure, et d'un brun noirâtre vers le bord terminal. ♀ semblable. Chenilles en septembre et octobre, dans les lieux humides et marécageux, sur beaucoup de plantes basses. Papillons en juin, un peu partout, mais moins communément que *Brassicæ*.

Noctuidæ.

Quelques papillons de cette nombreuse tribu sont ornés de belles couleurs; mais le plus grand nombre passe sa vie dans les trous des arbres et des murs : ils n'en sortent que le soir après le coucher du soleil ; leur vol est rapide, mais ils se posent volontiers sur les fleurs ou sur le miel et les autres appâts dont on se sert pour les capturer. Les chenilles sont très variables ; quelques-unes sont veloutées, ornées de vives couleurs, les autres sont luisantes, décolorées et n'ont souvent pour tout dessin que des points noirs et brillants. Les premières vivent sous les plantes basses et les feuilles sèches. les secondes fuient la lumière et vivent enterrées pendant le jour, se cachant dans les racines dont elles se nourrissent. On se les procure en secouant les feuilles sèches et les broussailles, pendant l'hiver et le printemps.

Le G. **Agrotis** se compose d'espèces que l'on reconnaît à leurs ailes repliées presque parallèlement au plan de position, les supérieures se recouvrant un peu par leur bord interne. — A. *Clavis*, FF. 3, 135 (Pl. XVI, fig. 24). La *Moissonneuse*, 40 à 42 mill. A les ailes supérieures d'un gris roussâtre plus ou moins foncé et légèrement réticulé de brun ; les lignes sont obscures, doubles, la tache réniforme grande, bordée de noir ; l'orbiculaire noire, la frange précédée d'une série de petites taches noires ; les inférieures blanches avec une ligne terminale noirâtre ; les antennes sont pectinées jusqu'à la moitié et ensuite filiformes. ♀ plus grande, plus foncée, à antennes filiformes. Chenille en juillet et août dans les champs et les jardins sur presque toutes les plantes. Papillon commun pendant presque toute l'année. — A. *Exclamationis*, FF. 138 (Pl. XVI, fig. 25) La *Double Tache*, 37 mill. Ailes supérieures grises ou d'un gris roussâtre, avec la côte et l'extrémité de l'aile un peu plus foncée ; lignes peu marquées ; tache réniforme grande, brune ; orbiculaire ronde, concolore, cerclée et pupillée de brun ; claviforme allongée, *toujours très noire*. Inférieures blanches. ♀ un peu plus grande. Antennes faiblement pectinées chez le mâle et filiformes chez la femelle. Chenille en compagnie de la précédente et toute aussi commune ainsi que le papillon. — A. *Suffusa*, FF. 3, 132 (Pl. XVI, fig. 26). L'*Épineuse*, 45 mill. Ailes supérieures allongées, d'un gris testacé plus ou moins clair, plus foncé vers la côte, avec l'espace terminal d'un gris cendré. Lignes noires, doubles ; tache réniforme peu marquée, *suivie d'un trait noir qui s'étend jusqu'à la seconde ligne ;* orbiculaire petite, ainsi que la claviforme. Inférieures d'un blanc sale, avec le bord postérieur et l'extrémité des nervures plus obscurs. Antennes longues, pectinées dans leur première moitié et presque filiformes vers l'extrémité. ♀ plus foncée. Chenille dans les bois et les jardins sur le laitron des champs, au printemps. Papillon de juillet en septembre, sous les pierres et dans les fentes des écorces ; se prend à la miellée. Moins commun que les précédents. — A. *Tritici*, FF. 3. 143 (Pl. XVI, fig. 27), 34 mill. La *Noctuelle du froment*. Ailes supérieures *étroites*, d'un brun cendré ou roussâtre, à lignes doubles, noirâtres, la dernière dessinant en clair et précédée de plusieurs traits bruns, sagittés et aigus. Taches petites, bordées de noirâtre, la claviforme évidée. Inférieures blanchâtres avec le bord obscur. ♀ semblable. Chenille au printemps dans les racines de graminées. Papillon de juin en septembre. Pas rare. Cette espèce est assez variable. — *A. Porphyrea*, FF. 3, 150 (Pl. XVI, fig. 28). L'*Ondulée*, 30 mill. Jolie espèce que l'on voit souvent voltiger en plein jour sur les bruyères fleuries de juin en août. Ses ailes supérieures sont d'un rouge porphyre, avec toutes les lignes et les taches, blanches ; les deux du milieu bordées de noir. Inférieures grises, lavées de rougeâtre à l'extrémité. Chenille sur les bruyères en automne, passe l'hiver et se chrysalide au printemps. Pas rare.

Le G. **Triphæna** ne diffère guère du précédent ; les antennes sont déliées chez les mâles et filiformes chez les femelles ; les ailes supérieures sont étroites, allongées ; les inférieures sont jaunes et bordées de noir ; les chenilles sont épaisses, cylindriques, à lignes distinctes, avec deux taches en forme de coin sur le 11ᵉ anneau. Elles vivent de plantes basses et se cachent pendant le jour sous les feuilles, les pierres, les broussailles. Chrysalides enterrées. — *T. Pronuba*, FF. 3, 175 (Pl. XVII, fig. 1), 50 à 55 mill. Cette espèce est des plus commune partout ; elle est connue sous le nom de *Hibou* ; la couleur de ses ailes supérieures est très variable ; elle est tantôt mêlée de gris jaunâtre, tantôt entièrement de cette dernière couleur et tantôt d'un ton hépatique foncé, avec toutes les nuances intermédiaires ; les lignes sont plus ou moins distinctes ; la tache réniforme grande, sombre et bordée de clair. Inférieures d'un jaune d'ocre, avec une large bordure d'un noir vif. ♀ semblable. Chenille au printemps dans les bois et les jardins, sur toutes sortes de plantes basses. Papillon depuis juin jusqu'en septembre. — *T. Comes*, FF. 2,174 (Pl. XVII, fig. 2). L'*Orbone*, 42 à 46 mill. A un peu l'aspect d'une petite *Pronuba* ; ses ailes supérieures sont d'un jaune feuille morte ou d'un gris jaunâtre, quelquefois teinté de verdâtre ; les lignes brunes, les taches bordées de gris clair ; les inférieures jaunes avec une bordure noire, assez étroite, et une lunule centrale noirâtre ; la ♀ semblable. Chenille en mars et avril dans les mêmes conditions que *Pronuba* et aussi sur les arbres fruitiers dont elle dévore les bourgeons pendant la nuit. Papillon commun de juin à septembre. — *T. Orbona*, FF. 3, 175 (Pl. XVII, fig. 3). La *Suivante*. Taille de la précédente, de laquelle elle ne se distingue que par ses ailes supérieures *plus étroites et toujours marquées de deux points apicaux noirs*. Chenille en avril et mai sur les graminées et les plantes basses. Papillon en juin et juillet ; plus rare que le précédent. — *T. Fimbria*, FF. 3, 172 (Pl. XVII, fig. 4). La *Frangée*, 50 mill. Belle espèce remarquable par ses nombreuses variétés ; ses ailes supérieures sont d'un jaune nankin souvent un peu verdâtre, avec les lignes brunâtres et l'espace médian un peu plus foncé ; les taches grandes, se touchant à leur base et simplement indiquées par un filet pâle. Inférieures d'un beau jaune avec une large bordure d'un noir velouté. ♀ semblable. La var. *Solani* se compose des individus dont le fond de la couleur des supérieures est verdâtre ; et la var. *A* de ceux chez lesquels tout ce qui est vert chez *Solani* est remplacé par du rouge brique clair ; il y a en outre beaucoup de variétés intermédiaires. La chenille vit comme celles des espèces précédentes et se trouve facilement dans les feuilles sèches en mars et avril. Le papillon éclòt en juin et juillet.

Le G. **Noctuœ** comprend toutes les Noctuelles dont les antennes sont minces, unies et garnies de cils très courts, rarement demi-pectinées dans les mâles ; les ailes supérieures lisses, arrondies au sommet, un peu luisantes à taches toujours distinctes, Les chenilles sont cylindriques, épaisses, rares, veloutées, ayant ordinairement deux séries sous-dorsales de taches noires, vivant de plantes basses sous lesquelles elles se cachent pendant le jour, mais sans entrer en terre pour manger leurs racines; elles passent l'hiver et se chrysalident au printemps. — *N. C. Nigrum*, FF. 3, 184 (Pl. XVII, fig. 5). Le *C. noir*, 40 mill. Ailes supérieures d'un brun noirâtre luisant, avec une grande tache subtriangulaire d'un blanc jaunâtre, s'étendant depuis la côte jusque et y compris la tache orbiculaire ; cette tache appuyée inférieurement sur un espace noir imitant un C renversé. Inférieures d'un gris blanchâtre, avec le bord terminal plus obscur. ♀ semblable. La chenille est commune depuis février jusqu'en mai dans les bois et les jardins incultes, sous les feuilles sèches et les broussailles. Papillon de juillet en août. — *N. Tristigma*, FF. 3, 185 (Pl. XVII, fig. 6). Le *Sigma*, 43 mill. Ailes supérieures assez étroites, d'un brun violet foncé, avec deux points noirs à la base, l'inférieur suivi d'une tache noire plus grande. Tache réniforme ayant au centre un C gris plus ou moins bien marqué ; l'orbiculaire oblique. Ces deux taches se dessinant en clair sur une bande longitudinale d'un noir brun. Inférieures jaunâtres, avec une bande et une lunule plus obscure. Chenille en mars et avril sur une foule de plantes basses. Papillon en juin et juillet. — *N. Rhom-boïda*, FF. 3, 187 (Pl. XVII, fig. 7). La *Rhomboïde*, 42 mill. Ailes supérieures d'un brun violet ; *sans points noirs à la base et au sommet*, avec la ligne terminale jaune, très ondulée, précédée d'une ombre brune ; tache réniforme ordinaire, l'orbiculaire arrondie par en bas. Inférieures d'un brun foncé uni. Chenille comme les précédentes et aux mêmes époques, ainsi que le papillon. — *N. Baja*, FF. 3, 192 (Pl. XVII, fig. 8). La *Belladone*, 42 mill. Ailes supérieures d'un brun clair, avec une ombre médiane d'un brun rougeâtre ; les lignes peu marquées ; la tache réniforme concolore ; d'un gris plombé inférieurement, orbiculaire grisâtre ; ces deux taches bordées de blanchâtre. Inférieures d'un gris jaunâtre, avec une bande transverse plus obscure. Chenille en avril et mai sur les plantes basses et arbustes. Papillon en juillet et août. Pas rare. — *N. Plecta*, FF. 3, 181 (Pl. XVII, fig. 9). Le *Cordon blanc*, 32 mill. Cette petite espèce est assez jolie, ses ailes supérieures sont brun rouge luisant, avec la côte largement bordée de blanc ; les lignes médianes sont nulles, mais la subterminale est blanchâtre quoique souvent peu marquée ; les taches sont blanches avec du noir dans leur milieu ; elles sont placées sur une bande noire bien arrêtée supérieurement et fondue inférieurement. Inférieures blanches, un peu jaunâtres au bord antérieur. Chenille en automne, principalement sur la chicorée sauvage, la renouée, le caille-lait. Papillon en mai, juin, juillet et août ; se prend volontiers à la miellée.

Le G. **Trachea** ne se compose que d'une seule espèce qui est une des plus jolies Noctuelles de nos pays. Les antennes sont dentées et garnies de cils chez les mâles, filiformes chez les femelles ; les ailes sont épaisses, à taches grandes et bien distinctes. La chenille est longue, lisse, de couleur vive, avec des lignes bien marquées, elle vit en mai et juin sur les pins et les sapins. — *T. Piniperda* FF. 3, 196. (Pl. XVII, fig. 10). La *Pityphage*, 32 à 35 mill. Ses ailes supérieures sont d'un rouge vif, avec les nervures d'un gris blanc et des nuances ocracées sur l'espace médian et l'espace terminal ; les lignes sont très rapprochées inférieurement ; et la seconde est suivie d'une bandelette d'un gris lilas ; les taches sont très nettes, blanches et salies d'olivâtre intérieurement. Inférieures d'un noirâtre uni avec la frange claire. ♀ semblable. Papillon en mai et avril ; assez facile à prendre, ainsi que la chenille, en battant les branches dans le parapluie.

Le G. **Tæniocampa** se reconnaît par ses chenilles, qui, loin d'être livides et décolorées comme la plupart de celles que nous venons de passer en revue, sont au contraire ornées de couleurs gaies ; elles sont rases, longues, atténuées antérieurement et un peu renflées vers le 11e anneau. Elles vivent à découvert sur les arbres et les plantes basses et se chrysalident dans des coques de terre peu solides. Les antennes des mâles sont ordinairement pectinées ; les ailes supérieures pulvérulentes, avec les taches visibles ; elles sont disposées en toit très incliné dans le repos. — *T. Incerta*, FF. 3, 201 (Pl. XVII, fig. 11), 37 mill. Cette Noctuelle varie tellement qu'il est rare de trouver deux individus exactement semblables ; aussi lui a-t-on donné le nom d'*Inconstante*. On peut diviser ses nombreuses variétés en quatre races principales : la 1re a les ailes supérieures d'un rouge ferrugineux clair ; la 2e est d'un brun hépatique noirâtre, presque sans dessins ; la 3e est d'un gris teinté de rougeâtre, et la 4e d'un gris lilas ou de lin. Chez presque toutes, la dernière ligne est seule bien marquée en clair, flexueuse et brisée à la côte ; taches noirâtres, bordées de jaunâtre, l'orbiculaire oblique. Inférieures d'un gris obscur, avec une lunule centrale et le bord terminal plus foncé. Chenille sur le chêne en août et septembre. Papillon commun partout en février et mars. — *T. Stabilis*, FF. 3, 203 (Pl. XVII, fig. 12).

L'*Ambiguë*, 34 mill. Ailes supérieures d'un jaune ocracé roussâtre, ou d'un testacé jaunâtre, avec une fine ligne terminale festonnée, et la subterminale seule visible, d'un jaune clair liseré de roussâtre. Taches grandes, nettes, bien visibles et bordées de jaune ; la réniforme un peu salie de gris inférieurement. Inférieures noirâtres avec la frange jaunâtre. ♀ semblable, mais à antennes simples. Chenille en mai et juin sur le chêne, l'orme, les saules. Papillon commun en mars et avril. — *T. Miniosa*, FF. 3, 205 (Pl. XVII, fig. 13), 30 à 32 mill. C'est avec raison que cette espèce a été nommée la *Gracieuse* ; ses ailes supérieures sont d'un gris rougeâtre, avec l'espace médian plus foncé ; les lignes brunes, éclairées de gris pâle d'un seule côté ; les taches sont grises, bordées de rouge clair, et souvent peu marquées. Inférieures d'un blanc rosé, légèrement lavées de rougeâtre au bord terminal, avec un point central et une ligne transverse plus obscure et souvent à peine visible. Antennes pectinées chez les mâles et simples chez les femelles. La chenille, qui est également très jolie, vit par petits groupes dans sa jeunesse, sur le chêne en mai. Papillon en mars et avril de l'année suivante.

Dans le G. **Orthosia**, les antennes des mâles sont presque toujours simples et plus ou moins pubescentes; les ailes supérieures sont lisses, parfois luisantes, assez aiguës au sommet, avec les lignes et les taches assez visibles, la réniforme salie de noirâtre inférieurement; en toit très incliné dans le repos. Les chenilles sont cylindriques, rases, épaisses, veloutées; elles vivent sur les arbres et les plantes basses, et se retirent pendant le jour dans les crevasses des écorces ou dans les broussailles. — *O. Lota*, FF. 3, 210 (Pl. XVII, fig. 14). La *Lavée*, 33 mill. Ailes supérieures d'un gris brun, quelquefois d'un brun rouge, avec une ombre médiane plus foncée; lignes peu visibles; la troisième suivie d'une série de petits points noirs; taches bordées de brun rouge; *la réniforme avec un gros point noir à la base*. Inférieures d'un gris noirâtre, avec deux bandes transverses obscures et vagues, frange jaunâtre. Chenille en mai et juin sur les saules. Papillon en septembre et octobre. Plus rare que la chenille. *O. Rufina*, FF. 3, 212 (Pl. XVII, fig. 15). La *Dorée*, 33 à 37 mill. Ailes d'un jaune fauve nuancé de rougeâtre, avec la base, l'ombre médiane et le bord terminal d'un fauve rouge. Lignes brunes bordées de clair; taches grandes, grisâtres et bordées de clair; la réniforme brune inférieurement. Inférieures grises, avec une bande d'un fauve clair au bord terminal. Abdomen gris à extrémité rougeâtre, chenille en mai sur le chêne. Papillon en septembre et octobre, le soir sur les bruyères et les fleurs du lierre.

Le G. **Cerastis** a les antennes plus ou moins pubescentes; les ailes luisantes et lisses, avec l'angle du sommet carré et le bord externe arrondi inférieurement; au

repos les supérieures recouvrent les inférieures et sont
disposées parallèlement au plan de position. Chenilles
allongées, cylindriques, atténuées en avant, de couleur
brune ou rougeâtre, vivant de plantes basses et se cachant
pendant le jour. — *C. Vaccinii*, FF. 3, 220 (Pl. XVII,
fig. 16), 32 mill. La *Noctuelle de l'airelle*. Cette espèce est
assez variable ; on considère comme type les individus
dont les ailes supérieures sont d'un jaune fauve nuancé
de ferrugineux marron à la base et à la côte ; les lignes
distinctes, denticulées, claires, presque parallèles, la
dernière remplacée par une série de points bruns bien
marqués ; les taches claires, ou plus foncées et bordées
de clair ; la réniforme tachée de noir ardoisé inférieurement. Inférieures noirâtres, avec la frange rougeâtre. Chenille (Pl. XXIV, fig. 13) sur les plantes basses en mai et
juin, au pied des chênes sous les mousses et les feuilles
sèches. Papillon en octobre et novembre, hiverne et reparaît en mars et avril. Commun sous les feuilles sèches
et les détritus (Pl. XVII, fig. 17).—La var. *Polita*, la *Polie*,
comprend les individus dont les ailes sont d'un rouge ferrugineux uni, avec les dessins plus foncés, les taches concolores ainsi que la frange. — *C. Silène*, FF. 3, 223 (Pl.
XVII, fig. 18). L'*Isolée*, 32 à 35 mill. Ailes d'un gris uni,
plus ou moins teinté de ferrugineux ; lignes nulles, simplement marquées à la côte de points rougeâtres ; taches
claires, la réniforme marquée de taches noires, dont une
plus grosse que les autres, l'orbiculaire également marquée de noir inférieurement ; toutes ces taches séparées
par les nervures. Inférieures d'un gris pâle, avec une
lunule centrale et le bord marginal plus obscur. Chenille
en avril et mai sur plantes basses, principalement sur le

groseillier épineux. Papillon en septembre et octobre. Moins commun que *Vaccinii*.

Le G. **Scopelosoma** a les antennes garnies de cils courts et fasciculés dans les mâles, isolés dans les femelles; les ailes supérieures oblongues à bords parallèles, le terminal denté ; les inférieures festonnées, le port des *Cerastis*. Chenilles rases, cylindriques, atténuées en avant, assez allongées, veloutées, à lignes presque nulles, vivant de plantes basses, mais accidentellement carnassières. — *S. Satellitia*, FF. 3,.225 (Pl. XVII, fig. 19). La *Satellite*, 40 mill. Ailes supérieures d'un brun roux, avec quelques teintes violâtres; lignes fines, noires; tache réniforme seule visible, formée d'un gros point blanc, au-dessus et au-dessous duquel on en voit deux autres très petits ; ces points quelquefois d'un jaune rougeâtre. Inférieures d'un gris noirâtre uni, à frange claire. Dans sa jeunesse la chenille vit sur le chêne, l'aubépine, dans les samarres des ormes; plus tard elle vit de plantes basses comme celles des *orthosides* ; c'est au pied des ormes qu'on la trouve le plus communément en mai et juin. En captivité elle dévore les autres chenilles que l'on élève avec elle. Papillon en septembre et octobre.

Le G. **Xanthia** se distingue principalement par les mœurs de ses chenilles ; elles sont rases, courtes, épaisses, à tête petite et souvent fauve, de couleurs obscures. Dans leur jeune âge elles vivent dans les samarres des ormes et les chatons des saules et des peupliers ; tombant des arbres avec ces chatons, elles se nourrissent des plantes basses qu'elles rencontrent à leur portée ; on les trouve alors sous les feuilles sèches ou les détritus, et souvent abondamment ; elles s'élèvent facilement en captivité.

Les papillons sont généralement de couleur jaune ou roussâtre ; les antennes garnies de cils courts, les ailes supérieures aiguës au sommet, à taches et lignes distinctes, et en toit très incliné dans le repos. — *X. Gilvago*, FF. 3, 232 (Pl. XVII, fig. 20). La *Cirée*, 34 à 37 mill. Ailes supérieures d'un jaune fauve, avec beaucoup de lignes transverses composées de petites taches d'un rouge ferrugineux ; les lignes ordinaires sont d'un noir bleuâtre, et les taches concolores, bordées de brun, avec un point noirâtre pupillé de blanc à la base de la réniforme. Inférieures d'un jaune pâle avec le bord abdominal grisâtre. On trouve quelquefois des individus d'un jaune roussâtre pâle, n'ayant pas d'autres dessins que la tache noirâtre de la base de la réniforme. On donne à cette variété le nom de *Palleago*. C'est au milieu des feuilles sèches, dans les lieux plantés d'ormes, qu'il faut chercher la chenille, en juin. Le papillon éclôt en septembre et octobre. — *X. Fulvago*. FF. 3, 230 (Pl. XVII, fig. 21). La *Sulphurée*, 33 mill. Ailes supérieures d'un jaune soufré, avec des taches ferrugineuses sur l'espace médian et sur une partie de la base, avec les lignes de la même couleur et confondues avec ces taches ; la tache réniforme est également tachée de noirâtre à sa base et parfois pupillée de blanc. Inférieures blanches, chenille en avril dans les chatons du saule marceau, et plus tard au pied de ces arbres dans les feuilles sèches ; cependant elle reste quelquefois sur l'arbre dont elle mange alors les feuilles. Papillon en septembre et octobre.

Le G. **Cosmia** a les antennes simples, à peine pubescentes ; les ailes supérieures denticulées, à lignes distinctes, les deux dernières rapprochées ; les chenilles sont roses, aplaties en dessous, atténuées en avant, à tête petite, vivant dans un paquet de feuilles réunies avec de la soie. Chrysalides renfermées dans les feuilles ou dans une coque placée sur la terre. — *C. Trapezina,* FF. 4, 4 (Pl. XVII, fig. 22). Le *Trapèze,* 32 mill. Couleur très variable; ordinairement d'un gris chamois, souvent fauve et quelquefois d'un brun carmélite, avec l'espace médian plus foncé, cet espace limité par deux lignes, la première droite et oblique, la seconde coudée à son tiers supérieur, de manière à former un trapèze. Taches plus ou moins bien marquées ; la réniforme avec un point noirâtre à sa base. Inférieures de la couleur des supérieures, mais lavées de noirâtre. Frange d'un jaune clair. ♀ semblable. Chenille en mai sur le chêne, très carnassière ; en captivité elle dévore même ses semblables. Papillon commun en juillet. — *C. Diffinis*, FF. 4, 6 (Pl. XVII, fig. **23**), 32 mill. Le *Nacarat,* assez jolie espèce à ailes supérieures d'un brun rouge, avec des places rosées, et quatre taches blanches à la côte, les deux du milieu plus grandes ; ces taches sont à l'origine des lignes qui sont roses ; inférieures d'un brun foncé. Chenille en mai sur les ormes des routes, papillon en juillet.

Hadenidæ.

Les papillons de cette tribu volent au crépuscule et s'accrochent pendant le jour au tronc des arbres ou aux murs de clôture ; les chenilles vivent à découvert sur les arbres et les plantes basses, et les chrysalides sont renfermées dans des coques de terre, fragiles, et enterrées plus ou moins profondément.

Le G. **Dianthœcia** se compose d'assez jolis papillons, ornés de couleurs vives et de dessins bien tranchés ; les chenilles vivent sur les lichnis, œillets, saponaire, silène, dont elles mangent les graines, souvent renfermées dans les capsules, du moins dans leur jeune âge. — *D. Capsincola*, FF. 4, 14 (Pl. XVII, fig. 24). La *Capsulaire*, 35 mill. A les ailes supérieures d'un gris brunâtre, avec les lignes fines, denticulées, blanches, les deux taches de la couleur du fond mais bordées de blanc, une 3e tache noire au-dessous de l'orbiculaire, et des points bruns et blancs le long de la côte. La frange est double et nettement festonnée par des traits blancs. Inférieures d'un gris noirâtre avec une bordure plus obscure. ♀ semblable, mais avec une tarière très saillante. La chenille vit principalement dans les capsules du lychnis dioique dont elle mange les graines en se tenant dans l'intérieur repliée comme un serpent. On la trouve souvent à moitié engagée dans une capsule, quand elle est trop grosse pour y tenir tout entière. On la trouve depuis juin jusqu'en septembre, et on reconnaît facilement sa présence dans une capsule au petit trou dont elle est percée. Papillons en juin et juillet de l'année suivante. Commun.

Le G. **Hecatera** a les antennes simples, pubescentes chez les mâles, filiformes chez les femelles ; les deux lignes médianes distinctes et l'espace médian ordinairement plus foncé. Les chenilles sont lisses, allongées, roses, à tête petite ; vivant à découvert sur les plantes basses, dont elles dévorent les fleurs et les boutons. Chrysalides enterrées. — *H. Serena*, FF. 4, 25 (Pl. XVII, fig. 25). La *Joconde*, 31 mill. Cette petite espèce est assez jolie ; ses ailes supérieures sont d'un blanc légèrement bleuâtre, mélangé de gris, avec une bande médiane brunâtre, maculée de quelques traits noirs, sur laquelle les deux taches se dessinent en blanc; les lignes sont noires, dentelées, accompagnées extérieurement d'un filet jaunâtre. Inférieures grisâtres, traversées par une ligne sinueuse, blanchâtre. ♀ semblable. Chenilles en mai et août, sur les fleurs des chicoracées, laitue vivace, pissenlit, épervière, etc., dans les champs et les allées des bois. Papillons en mai et juin, puis une seconde fois en juillet et août.

Le G. **Polia** a les antennes longues, légèrement ciliées chez les mâles, simples chez les femelles; les papillons sont ordinairement d'un gris blanc ou cendré, avec les lignes et les taches se dessinant en gris noir interrompues et formant comme des nuages détachés; leur vol est lourd et on les trouve souvent sur les fleurs sans qu'ils cherchent à s'envoler. Les chenilles sont rases, lisses, veloutées, de couleurs vives, à tête assez grosse; elles vivent à découvert sur une foule de plantes et d'arbustes où elles se tiennent étendues le long des tiges. Les chrysalides sont renfermées dans des coques molles et profondément enterrées. — *P. Flavicincta*, FF. 4, 36 (Pl. XXII, fig. 26). La *Ceinture jaune*, 42 mill. Ses ailes supérieures sont d'un blanc jaunâtre saupoudré d'atomes gris, surtout vers le milieu de l'aile; les lignes sont très distinctes, très dentées, noirâtres, la dernière formée de traits sagittés plus ou moins chargés de jaune orangé; la frange grise entrecoupée de noirâtre; les taches de la couleur du fond, bordées également de jaune orangé. Inférieures d'un blanc sale saupoudré de gris, avec une ligne médiane dentée. ♀ semblable. Chenilles en mai et juin sur une foule de plantes. Papillons en septembre sur les fleurs du lierre. Peu commun.

Le G. **Misclia** a les antennes épaissies chez les mâles et filiformes chez les femelles; les ailes sont épaissies, dentées, à taches grandes, en toit dans le repos. Les chenilles sont allongées, convexes en dessus, très aplaties et marquées de taches noires en dessous; la tête grosse et aplatie en devant; vivant sur les arbres et se chrysalidant dans des coques épaisses formées de terre et de soie. — *M. Oxyacanthæ*, FF. 4, 48 (Pl. XVIII, fig. 1). L'*Aubépinière*, 40 mill. Belle espèce, surtout quand elle vient d'éclore; ailes supérieures dentées, d'un fauve varié de brun et de noirâtre, avec plusieurs taches d'un vert doré, principalement à la côte, sur les principales nervures, au bord terminal et au bord interne où cette couleur occupe un espace assez large. Taches grandes, très rapprochées, plus pâles que le fond et liserées de noir. Inférieures d'un gris roussâtre clair, avec un trait blanc vers l'angle anal. ♀ semblable. Chenilles en mai et juin sur le prunellier et l'aubépine. On se la procure facilement en battant les branches dans le parapluie. Papillons en septembre et octobre sur les fleurs du lierre et de la bruyère.

L'**Agriopis** *aprilina*, FF. 4, 52 (Pl. XVIII, fig. 2). La *Runique*, 46 mill. Est également une des plus belles Noctuelles de notre pays; ses antennes sont pubescentes, plus épaisses dans le mâle, avec une touffe de poils à leur base dans les deux sexes; ses ailes sont épaisses, à lignes et taches bien écrites; les supérieures sont d'un beau vert pomme, avec l'espace terminal et les deux taches d'un vert blanchâtre; ces deux taches grandes, bien marquées, bordées de noir; les lignes sont dentées, épaisses, formées de taches en croissant d'un noir vif et éclairées de blanc. Inférieures noirâtres avec une bordure marginale blanche, teintée de vert, et une série terminale de lunules noires. Chenilles en mai sur le chêne; pendant le jour elle se tient cachée entre les rides des écorces. Commune certaines années. Papillons en septembre et octobre sur le tronc des arbres. — La **Phlogophora** *meticulosa*, FF. 4, 54 (Pl. XVIII, fig. 3). La *Méticuleuse* est aussi une jolie espèce; ses ailes supérieures sont très dentées et très échancrées dans la seconde moitié du bord externe: elles sont d'un jaune pâle nuancé de rosé et de vert olive, avec l'espace médian occupé presque entièrement par une tache d'un vert-olive foncé, formant un triangle renfermant les taches dont la réniforme verte et l'orbiculaire rosée. Inférieures d'un ocracé pâle teinté de rosé au bord marginal, avec un trait cellulaire et deux lignes obscures. Chenilles pendant toute l'année sur les plantes basses, dans les champs, les jardins et même les serres. Papillons également pendant l'année; l'hiver dans les grottes, les caves, etc.

Le G. **Aplecta** a les antennes simples, pubescentes, à cils inégaux dans les mâles; les ailes un peu dentées, épaisses, oblongues, disposées en toit dans le repos, avec les taches grandes, distinctes, les lignes nettes; les chenilles sont cylindriques, longues, épaisses, rases, de couleurs sombres, marquées de chevrons et de losanges dorsaux, vivant de plantes basses et se cachant pendant le jour. Chrysalides enterrées. — A. *Herbida*, FF. 4, 60 (Pl. XVIII, fig. 4). La *Verte*, 50 mill. Belle et grande espèce à ailes supérieures d'un vert d'herbe nuancé de vert clair et de brun, avec les lignes en zigzag, d'un vert clair, bordées de noir, la 2e suivie d'une série de points blancs. Taches grandes, cerclées de noir; collier vert bordé de blanc. Inférieures d'un gris noirâtre, à frange d'un blanc jaunâtre. Chenilles en mars et avril dans les feuilles sèches. Papillons en juin et juillet. Peu commun.

Le G. **Hadena** a les antennes pubescentes; les ailes épaisses, dentées, un peu étroites; à. taches bien distinctes, à ligne subterminale distincte, anguleuses, formant dans son milieu un Σ bien visible. Chenilles rases, cylindriques, de couleurs vives, vivant sur les arbres ou les plantes basses. — *H. Protea*, FF. 4, 70 (Pl. XVIII, fig. 5). Le *Jaspe vert*, 25 mill. Ainsi que l'indique son nom latin, cette espèce est très variable pour la couleur; ses ailes supérieures sont d'un vert plus ou moins foncé marbré de taches noires; souvent d'un brun noirâtre sans aucune trace de vert, et quelquefois d'un jaune d'ocre nuancé d'un brun ferrugineux. Lignes d'un vert clair, bordées de noir; taches confuses. Inférieures grises, brunes au bord marginal avec une ligne médiane obscure. Chenilles en mai sur le chêne. Papillons en septembre ou octobre sur les fleurs du lierre et en battant les arbres. — *H. Atriplicis*, FF. 4, 81 (Pl. XVIII, fig. 6). L'*Arrochière*, 42 mill. Belle espèce à ailes supérieures d'un brun chatoyant en violet, avec la base, l'espace terminal et les deux taches d'un vert brillant; lignes d'un gris violâtre, larges, bordées de lunules noires; reconnaissable surtout par sa tache bidentée, blanche, partant de l'orbiculaire et s'étendant jusqu'à la 2e ligne. Inférieures noirâtres, plus claires vers la base. Chenilles depuis juillet jusqu'à octobre sur la persicaire, l'arroche des jardins, l'oseille ; dans les jardins, au bord des marais et des ruisseaux. Papillons en juin et juillet, au pied des arbres et le long des murs de clôture. Un peu partout, mais peu commun.

Xilinidæ.

Les chenilles des *Xylinides* ont 16 pattes égales ; elles sont cylindriques, allongées, rases, de couleurs brillantes, et vivent à découvert sur les plantes basses et les arbres, dont elles mangent les fleurs ou les feuilles.

Le G. **Xylina** a les antennes moyennes, à cils très courts mais serrés chez les mâles ; les ailes supérieures étroites, allongées, à bords presque parallèles, croisées et parallèles au plan de position dans le repos. — *X. Ornithopus* FF. 4, 100 (Pl. XVIII, fig. 7). La *Nébuleuse*, 39 mill. Les ailes supérieures sont d'un gris blanchâtre, avec les lignes doubles, très dentées et peu marquées ; la tache réniforme roussâtre et l'orbiculaire peu visible, bordée de noir des deux côtés. Inférieures d'un gris noirâtre. Chenilles en mai sur le chêne. Papillon commun en septembre et octobre.

Le G. **Calocampa** a les antennes longues, épaisses et garnies de cils courts ; les ailes supérieures sont dentées épaisses, très oblongues, à dessins rayonnés et à taches distinctes ; au repos le papillon plisse ses ailes en les croisant fortement, ce qui lui donne une forme très allongée, et si semblable à un morceau de bois mort, qu'il faut les toucher pour s'assurer que ce sont des papillons. — *C. Exoleta*, FF. 4, 96 (Pl. XVIII, fig. 8.) L'*Antique*, 58 à 62 mill. Ailes supérieures d'un jaune d'ocre pâle teinté de verdàtre vers le bord interne, avec la côte et de nombreuses lignes longitudinales d'un brun rougeâtre ; lignes presque effacées ; tache réniforme suivie d'un empâtement noir, l'orbiculaire plus petite mais de même forme. Inférieures grises, jaunâtres au bord abdominal. ♀ semblable. La chenille est très belle et vit en juin et juillet sur beaucoup de plantes basses, mais particulièrement sur l'œillet des jardins. Papillon en août et septembre.

G. **Cucullia**. Les chenilles des *Cucullies* sont les plus belles de toutes les noctuelles ; vivant à découvert parmi les fleurs, elles en ont les brillantes couleurs ; c'est sur les plantes de la famille des *composées* qu'on les rencontre presque toutes ; elles se tiennent au sommet des tiges parmi les fleurs et les boutons ; les papillons volent le soir autour des fleurs avec beaucoup de rapidité ; leurs ailes sont longues, étroites, et disposées en toit très incliné. Chrysalides dans des coques de terre et de soie. — *C. Verbasci*, FF. 4, 185 (Pl. XVIII, fig. 16). La *Brèche*, 44 à 48 mill. Ailes supérieures très dentées, très aiguës, d'un testacé roussàtre, avec la côte et le bord interne d'un brun ferrugineux ; les taches et les lignes nulles, la deuxième seule indiquée par deux croissants blancs près du bord interne. Inférieures dentées, d'un gris roussâtre, avec le bord terminal noirâtre et fondu. ♀ ayant les ailes inférieures entièrement noirâtres. Chenille depuis mai jusqu'en août, sur le bouillon blanc dont elle mange souvent les feuilles de préférence aux fleurs. Papillon en mai de l'année suivante, c'est l'espèce la plus commune du genre. — *C. Scrophulariæ* (Pl. XVIII, fig. 14). 43 mill. La *Cucullie de la scrophulaire*, FF. 4, 106, très difficile à distinguer de la précédente, quoique plus petite et à ailes supérieures moins dentées et moins aiguës au sommet: chenille (Pl. XXIV, fig. 6) presque exclusivement sur les *scrophulaires*, dont elle mange de préférence les feuilles. Mêmes époques. — *C. Umbratica*, FF. 4, 121 (Pl. XVIII, fig. 17). L'*Ombrageuse*, 50 mill. Ailes supérieures lancéolées, d'un gris cendré, avec une teinte roussâtre au bout de la cellule, des stries blanches au bord marginal; les taches indiquées par quelques points noirs ; la ligne de la base en zigzags noirs, bien distincte. Inférieures blanchâtres avec les nervures noirâtres. ♀ à ailes inférieures noirâtres. Chenille de juillet en septembre sur le laitron des champs et le laitron ordinaire; vit très cachée sous les feuilles pendant le jour. Papillon en mai, juin et juillet, assez commun partout. — La chenille de la *C. Asteris*, FF. 4, 111 (Pl. XVIII, fig. 15). L'*Astrée*, 45 mill., est une des plus jolies et diffère de ses congénères par sa forme allongée, et par les raies de différentes couleurs dont elle est ornée ; elle vit de juillet en septembre sur la *verge d'or* et les *reines-marguerites* que l'on cultive dans les jardins et sur la corolle desquelles on la trouve quelquefois.

Le G. **Calophasia**, a les antennes cylindriques, filiformes et sans aucune ciliation dans les deux sexes ; les ailes entières, à lignes en partie oblitérées ; les chenilles sont allongées, atténuées aux deux extrémités, jaunes, variées de taches noires, et vivent à découvert sur les plantes basses. Chrysalides dans des coques pyriformes, formées de débris et fixées aux tiges des plantes. — *C. Lu-*

nula, FF. 4, 127 (Pl. XVIII, fig. 9). La *Linariette*, 29 mill.
Ailes supérieures d'un cendré blanchâtre, avec l'espace
médian d'un brun plus ou moins foncé ; les lignes blanches, nettes, bordées de noir ; la tache réniforme
blanche, en croissant, l'orbiculaire figurée par un point
blanc cerclé de noir. Des rayons noirs, épais formant une
bande oblique, occupent l'espace terminal. Inférieures
d'un blanc sale avec une bordure noirâtre. Quoique cette
petite noctuelle n'ait pas de brillantes couleurs, elle est
néanmoins assez jolie ainsi que sa chenille. Celle-ci vit
en juin et septembre sur la linaire, avec les fleurs de
laquelle elle se confond par sa couleur. Papillon en mai,
août et septembre. Assez commun.

Heliothidæ.

Antennes filiformes dans les deux sexes ; les ailes supérieures non allongées ni rayonnées dans le sens de la
longueur, avec les taches et les lignes visibles. Chenilles
vivant à découvert sur les plantes basses dont elles
mangent les fleurs et les feuilles. Les *Héliotides* sont des
papillons de petite taille, ornés de jolies couleurs et à
ailes tachées de noir sur un fond clair.

Le G. **Chariclea** a les antennes simples dans les
deux sexes ; les ailes supérieures épaisses, avec les lignes
bien marquées ; les chenilles sont rases, cylindriques,
de couleurs vives, vivant à découvert au sommet des
pieds-d'alouettes dont elles mangent les fleurs et les
graines. — *C. Delphinii*, FF. 4, 131 (Pl. XVIII, fig. 10).
L'*Incarnat*, 31 mill. Ailes supérieures d'un rose tendre,

avec la base et le bord subterminal d'un rose vineux ou violet, les lignes distinctes et d'un ton plus clair, liserées de noir violet ; les taches peu visibles. Inférieures blanches, légèrement rosées au bord terminal, avec les nervures et une bordure noirâtres. ♀ semblable. Si l'on veut se procurer cette charmante espèce dans toute sa beauté, il faut en élever la chenille (Pl. XXIV, fig. 14), qui, du reste, est plus commune que le papillon ; on la trouve depuis juin jusqu'en août sur le pied-d'alouette des jardins ainsi que sur celui des champs, parmi les fleurs avec lesquelles elle se confond par ses couleurs, en mai et juin.

Le G. **Heliothis** diffère peu du précédent ; ses ailes supérieures un. peu aiguës au sommet : les chenilles allongées ; moniliformes, un peu luisantes, vivant sur les plantes basses dont elles préfèrent les fleurs. Chrysalides enterrées. — *H. Dipsaceæ*, FF. 4, 135 (Pl. XVIII, fig. 11), la *Noctuelle de la cardère*. Cette espèce est assez commune ; elle vole en plein jour avec assez de rapidité dans les champs de trèfle et de luzerne, en mai, juin et juillet ; ses ailes supérieures sont d'un ocracé olivâtre avec deux bandes transverses d'un brun roussâtre, se réunissant inférieurement ; lignes fines, souvent formées de points ; tache orbiculaire indiquée par un point. Inférieures d'un blanc légèrement verdâtre, avec la base, une tache cellulaire et une large bordure noires. ♀ souvent un peu plus brune. Chenille sur les plantes basses en mai, juin, août et septembre.

Le G. **Anarta** a les antennes minces, légèrement pubescentes dans les deux sexes ; les ailes épaisses, veloutées, à dessins mêlés, à frange entrecoupée ; les inférieures à bordure noire. Chenilles courtes, rases, cylindriques, vivant à découvert sur les plantes ligneuses. Chrysalides dans des coques des soie mêlées de terre. Les *Anarta* sont de jolis papillons ; ils volent en pleine ardeur du soleil et avec beaucoup de rapidité. — *A. Myrtilli*, FF. 4, 142 (Pl. XVIII, fig. 12). La *Myrtille*, 22 à 25 mill. Ailes supérieures d'un rouge porphyre mêlé de jaunâtre, avec les lignes distinctes, un peu dentées, les deux médianes brunes, bordées de jaunâtre ; taches petites, concolores, avec une tache blanche entre les deux. Inférieures jaunes, avec une large bordure noire. La chenille est aussi jolie que le papillon ; elle vit depuis juin jusqu'en octobre sur la bruyère commune et on se la procure facilement en fauchant sur ces plantes, où elle est commune. — On voit également voler pendant le jour, dans toutes les prairies, une autre jolie petite espèce : c'est l'**Heliodes** *tenebrata*, FF. 4, 143. (Pl. XVIII, fig. 13). L'*Héliaque*, 19 mill. ; les ailes supérieures d'un brun marron, avec un léger reflet pourpré ; les lignes et les taches peu apparentes ; inférieures d'un jaune orangé, avec la base et une large bordure noire ; elle est commune en avril et en mai. Chenille en juin sur le *ceraiste des champs* dont elle mange les capsules.

Le G. **Acontia** a les antennes courtes et cylindriques, les ailes larges, à frange longue, marbrées de blanc et de noir. Chenille n'ayant que 12 pattes, longues, effilées, vivant sur les plantes basses. Chrysalides dans de petites coques de terre. — *A. Lucida*, FF. 4, 147 (Pl. XVIII, fig. 18). La *Solaire*, 26 mill. Ailes supérieures d'un brun noirâtre mêlé de gris et de quelques taches noires, avec la base blanche marquée d'un point noir, et une grande tache costale carrée et blanche : moitié inférieure du bord terminal blanche avec une série de taches irrégulières d'un gris plombé : inférieures blanches, avec 3 ou 4 rayons noirâtres et une large bordure noire. ♀ semblable. Chenille en juin et septembre sous différentes espèces de mauves. Papillon en mai et juin, puis en juillet et août ; il vole au soleil dans les lieux secs et arides. La variété *Albicollis* se trouve dans les mêmes lieux et aux mêmes époques, elle se distingue par ses taches blanches plus grandes, ses inférieures sans rayons noirs, son corselet et son abdomen blancs. — A. *Luctuosa*, FF. 4, 149 (Pl. XVIII, fig. 19). L'*Italique*, 24 mill. Comme les espèces précédentes, celle-ci vole au soleil dans les lieux secs et arides ; ses ailes supérieures sont d'un noir plus ou moins marqué de brun et de bleuâtre, avec une grande tache blanche allongée, à la côte ; cette tache souvent teintée de rose ; lignes fines, noires, souvent peu visibles. Inférieures noires, avec une bande blanche, étranglée dans son milieu et un petit point blanc au bord marginal. Chenille en mai et juin sur les liserons et probablement aussi sur les mauves. Assez commun. La **Bankia**, *Bankiana*, FF. 4, 154 (Pl. XVIII, fig. 20). L'*Argentule*, 22 mill., est une jolie petite espèce qui vole en plein jour dans les lieux herbus, humides et marécageux en mai et juin. Ses ailes supérieures sont d'un vert olive uni, traversées par deux bandes étroites, obliques, d'un blanc argentin ; les inférieures grises, avec une partie du disque et une petite ligne blanchâtre à l'angle anal. Chenille en août et septembre sur les graminées. L'**Agrophila** *Sulphuralis*, FF. 4, 146 (Pl. XVIII, fig. 21), 20 mill. La *Sulphurée* est une de nos plus petites noctuelles ; elle

vole à l'ardeur du soleil, sur les chardons et dans les
champs de luzerne, pendant une partie de la belle saison ;
ses ailes supérieures sont d'un jaune soufre, avec beaucoup de taches noires, inégales, et deux bandes longitudinales, épaisses, noires, dont une au bord interne et
l'autre au dessus. Inférieures noirâtres à frange jaune.
Chenille en juillet sur les liserons. Commun.

Plusidæ.

Les papillons de cette tribu sont les plus brillants de
toutes les noctuelles ; ils sont surtout remarquables par
les taches d'or ou d'argent poli, dont leurs ailes supérieures sont ornées ; presque toutes ne volent que la
nuit. Les chenilles se distinguent également de toutes les
autres en ce qu'elles n'ont que 12 pattes, ce qui les oblige
à marcher comme des géomètres.

Le G. **Plusia** a les antennes longues, minces et filiformes dans les deux sexes ; les ailes supérieures aiguës
au sommet, lisses, luisantes, ornées de plaques ou de
taches métalliques brillantes ; les chenilles vivent à découvert sur les plantes basses ; elles ont 12 pattes, la tête
petite et globuleuse et sont très atténuées antérieurement ; les chrysalides sont renfermées dans de légères
coques de soie, attachées aux feuilles ou aux tiges des
plantes dont la chenille s'est nourrie. — *P. Chrysitis*, FF.
4, 187 (Pl. XVIII, fig. 22). Le *Vert doré*, 36 à 40 mill.
Ailes supérieures d'un brun verdâtre, avec la moitié de
la base et l'espace terminal d'un vert doré, quelquefois
cuivreux, ce qui forme deux bandes métalliques très bril-

lantes. Inférieures d'un gris noirâtre à frange jaunâtre; tête et collier d'un jaune fauve ; abdomen avec trois crêtes rousses. Chenille en juin et septembre, principalement sur la grande ortie, l'ortie blanche et la bardane, dans les lieux frais et humides. Papillon en juin et août, au crépuscule et à la miellée. Commun. — *P. Gamma*, FF. 4, 194 (Pl. XVIII, fig. 23). Le *Lambda*, 40 mill. Cette espèce est la plus commune du genre ; elle vole pendant le jour avec beaucoup de rapidité et presque toute l'année : ses ailes supérieures sont d'un gris satiné, nuancé de gris foncé, de gris verdâtre et de noirâtre, avec des reflets métalliques ; les lignes sont bien marquées, un peu dorées ; les taches ordinaires peu marquées, mais avec un signe caractéristique d'un or pâle, ayant la forme de la lettre grecque γ (gamma) ou λ (lambda) couchée, et placée sur un espace noirâtre. Inférieures d'un gris jaunâtre, avec une large bordure noire, bien tranchée. Chenille sur toutes les plantes basses. — *P. Festucæ*, FF. 4, 187 (Pl. XVIII, fig. 24). La *Riche*, 34 mill. La chenille de cette belle espèce vit en juin et juillet sur plusieurs plantes aquatiques, principalement sur la *fétuque flottante*, les *carex*, les roseaux et se chrysalide dans une coque d'un tissu serré et blanc, fixé à la plante qui a nourri sa chenille. Les ailes supérieures du papillon sont d'un brun rougeâtre sablé d'or, avec trois taches d'argent un peu jaunâtre et brillantes ; la première près de l'angle du sommet, la deuxième et la troisième placées horizontalement dans le milieu de l'aile ; lignes médianes très obliques, d'un brun foncé. Inférieures d'un gris jaunâtre avec la frange rougeâtre. Papillon en juin et août, à la miellée et dans les prairies humides. Peu commun. Chenille

(Pl. XXIII, fig. 17). Citons encore les magnifiques *P. Bractea*, *Aurichalcea*, *Mya*, distinguées par leurs grandes taches dorées. Ces espèces sont rares et habitent les Alpes.

Le G. **Amphipyra** a les antennes filiformes dans les deux sexes; les ailes supérieures luisantes, presque rectangulaires, à lignes et taches plus ou moins effacées, aplaties dans l'état du repos, ce qui permet aux insectes de se glisser dans les fentes les plus étroites. Chenilles rases, épaisses, de couleur verte, ayant souvent le onzième anneau relevé en pyramide. Elles vivent à découvert sur les arbres on les plantes basses. — *A. Pyramidea*, FF. 4, 204 (Pl. XVIII. fig. 25). La *Pyramidale*, 46 à 50 mill. Grande et assez belle noctuelle; à ailes supérieures oblongues, d'un brun plus ou moins rougeâtre, avec les lignes d'un gris clair bordé de noirâtre, la tache réniforme nulle, l'orbiculaire grise ou brune, pupillée de noir, ces deux taches placées sur une ombre noire longitudinale. Frange précédée d'une série de points blanchâtres. Inférieures d'un ferrugineux cuivré, luisant avec la côte noirâtre. Chenille en mai sur le chêne, le prunellier, l'orme, le saule, etc. Papillon en juillet, sous les bois coupés, les écorces, les barrières des routes. Assez commun. — *A. Tragopogonis*, FF. 4, 207 (Pl. XVIII, fig. 26). La *Triponctuée*, 37 à 40 mill. Ailes supérieures d'un gris noirâtre luisant, uniforme, avec une petite touffe de poils gris à la base; taches figurées par trois points noirs, disposés en triangle allongé; lignes nulles. Inférieures grises. La chenille est très jolie, avec sa belle couleur verte et ses cinq lignes longitudinales blanches; elle vit en juin sur une infinité de plantes basses. Papillon de juillet en septembre ; il est commun sous les vieilles écorces, derrière les volets des maisons.

Le G. **Mania** aé galement les antennes filiformes dans les deux sexes ; les ailes dentées, à lignes et taches distinctes. Les chenilles sont cylindriques, épaisses, veloutées, rases, allant en grossissant du premier au onzième anneau, vivant sur les plantes basses et quelques arbustes dans les vallées humides, au bord des ruisseaux, cachée pendant le jour. Chrysalide dans une coque molle, peu enterrée. — *M. Maura*, FF. 4, 209 (Pl. XVIII, fig. 27). La *Maure*, 70 mill. Grande espèce à ailes supérieures dentées, d'un gris noirâtre, avec l'espace médian plus noir et l'espace basilaire moucheté de noir ; lignes noires, doubles ; l'espace terminal avec une grande tache d'un gris blanchâtre à l'angle du sommet ; taches grandes, irrégulières, se dessinant en gris clair et se touchant quelquefois à leur base. Inférieures de la même couleur que les supérieures avec une large bande terminale plus noire, bordée intérieurement par une ligne droite, et extérieurement par une bande étroite d'un gris clair. ♀ souvent un peu pâle. Chenille en avril et mai sur l'aulne, le saule, le prunellier, le mouron, l'oseille, etc. Papillon en juin et juillet, dans les lieux sombres et humides, sous les ponts, dans les caves, les trous des vieux murs. Pas rare.

Le G. **Spintherops** ne renferme qu'une seule espèce dont la chenille est cylindrique, rase, veloutée, très allongée et atténuée aux deux extrémités, vivant à découvert sous plusieurs espèces de genêts et se chrysalidant dans une coque molle, en soie blanche et filée entre les feuilles. — *S. Spectrum*, FF. 4, 212 (Pl. XIX, fig. 1), 70 à 75 mill. Le *Spectre*. Ailes supérieures oblongues, un peu dentées, d'un gris blond soyeux, avec les deux lignes médianes noires, bien marquées : la tache orbiculaire petite, blanchâtre, la réniforme concolore, peu distincte, bordée de noirâtre et de blanc jaunâtre ; ombre médiane noirâtre. Inférieures d'un gris blanc uni. ♀ semblable. Cette grande espèce est commune en août et septembre dans le Midi et les Pyrénées-Orientales. Chenille (Pl. XXIV, fig. 3).

La **Catephia** *Alchymista*, FF. 4, 220 (Pl. XIX, fig. 2). L'*Alchimiste*, 43 mill., est une assez belle et rare espèce dont les ailes supérieures sont dentées, d'un noir velouté, varié de brun, avec l'espace terminal plus clair ; lignes distinctes, fines, noires, sinuées ; taches peu distinctes, traits costaux blancs. Inférieures noires, avec une grande tache discoïdale blanche. Frange blanche, avec le milieu noir. Chenille en août sur le chêne et sur l'orme. Papillon en mai et juin sous le tronc des arbres. Rare.

Catocalidæ.

Cette tribu ne renferme qu'un seul genre dont les espèces, remarquables par leur grande taille et les riches couleurs dont leurs ailes inférieures sont ornées, sont connues sous les noms de *Promise*, de *Mariée*, de *Fiancée*, etc. Elles sont toujours recherchées par les amateurs. Le nom de *Lichenées* leur a été également donné, parce que leurs chenilles ordinairement grises, se confondent sur le tronc des arbres avec les lichens qui les entourent.

Le G. **Catocala** a les antennes longues, grêles,

pubescentes dans les mâles et filiformes dans les femelles : les ailes sont larges, épaisses, pulvérulentes, à lignes dentées et très distinctes ; les inférieures sont bleues, rouges ou jaunes, avec des bandes noires. Chenilles vivant à découvert sur les arbres, et se tenant pendant le jour appliquées contre le tronc ou les branches. Chrysalides bleuâtres, dans des coques de soie, entre les feuilles ou les écorces. — *C. Fraxini*, FF. 4, 226 (Pl. XIX, fig. 8). La *Lichénée bleue*, 95 mill. Ailes supérieures d'un gris cendré plus ou moins saupoudré d'atomes, noirâtre, avec plusieurs lignes transverses très anguleuses en zigzag. Inférieures noires, avec une large bande médiane d'un bleu pâle. ♀ semblable. Chenille (Pl. XXIV, fig. ?) en juin et juillet, sur les peupliers et quelquefois sur les saules. Papillon depuis août jusqu'en octobre, sur les arbres des avenues, des routes, sous les chaperons des murs. Plus ou moins commun. C'est la seule espèce du genre qui ait du bleu aux ailes inférieures. — *C. Nupta*, FF. 4, 227 (Pl. XIX, fig. 12). La *Mariée*, 75 mill. Ailes supérieures dentées, d'un cendré jaunâtre sablé de noir, avec beaucoup de lignes flexueuses, d'un gris olivâtre ou noirâtre. Inférieures d'un rouge vermillon, avec une bande médiane noire, étranglée et coudée dans son milieu, *n'atteignant pas le bord abdominal*, et une large bordure sinuée, également noire. Frange blanche. ♀ souvent un peu plus grande. Chenille en mai et juin sur les saules et les peupliers. Papillon de juillet à septembre. Commun sur les troncs d'arbres, les murs, le rebord des toits. — *C. Elocata*, EE. 4, 228 (Pl. XIX, fig. 9). La *Choisie*, souvent un peu plus grande que la précédente, à laquelle elle ressemble beaucoup, mais s'en distingue principalement par la bande noire de ses ailes inférieures qui est *non coudée dans son milieu et atteint le bord abdominal*. Mêmes mœurs que *Nupta* et généralement aussi commune. — *C. Sponsa*, FF. 4, 233 (Pl. XIX, fig. 10). La *Fiancée*, 65 mill. Assez variable pour la taille et pour la couleur de ses ailes supérieures qui est d'un brun foncé ou d'un brun noirâtre, avec trois taches grises dans le milieu de la côte, au-dessous desquelles on voit sur le disque une grande éclaircie blanchâtre, sur laquelle la tache réniforme se dessine vaguement en jaunâtre. Lignes noires, doubles, bien marquées. Inférieures d'un rouge cramoisi, avec une large bordure noire, anguleuse intérieurement, et sous le disque une bande noire, d'inégale largeur, suivant les contours de la bordure. Frange noire entrecoupée de points blancs. Chenille en mai sur le chêne ; pour se la procurer, il faut battre les grosses branches, à l'extrémité desquelles elle se tient ordinairement. Papillon en juillet. Assez commun. — *C. Promissa*, FF. 4, 235 (Pl. XIX, fig. 13). La *Promise*, 50 à 60 mill., assez voisine de la précédente ; plus petite, ailes supérieures d'un gris brun jaunâtre, avec le milieu d'un gris bleuâtre ; lignes plus noires, plus épaisses, mieux marquées ; taches comme chez *Sponsa* ; côte bordée d'un filet blanc, interrompu par des taches noires. Inférieures d'un rouge cramoisi, avec deux bandes noires, la première étroite, flexueuse, en crochet à son extrémité inférieure ; la deuxième marginale, sinuée mais non anguleuse antérieurement. Chenille en mai sur le chêne, descend pendant le jour entre les rides des écorces. Papillon en juillet. Commun dans les grandes forêts de chênes. — *C. Paranympha*, FF. 4, 236 (Pl. XIX, fig. 11). La *Paranymphe*,

52 mill. Comme chez les espèces précédentes, les ailes supérieures de celle-ci sont d'un gris cendré nuancé de brun, avec des lignes noires, anguleuses et bien marquées. Inférieures d'un jaune fauve, avec deux bandes noires ; celle du disque en anneau allongé, celle du bord terminal fortement échancrée à l'angle externe, et interrompue avant l'angle anal. Chenille en mai sur le prunellier. Papillon en juillet et août, dans le Centre et l'Est de la France. Assez rare.

Le G. **Ophiodes** se rapproche beaucoup, par ses chenilles, du genre précédent ; elles sont allongées, aplaties en dessous, et marquées de taches noires entre les fausses pattes ; elles vivent à découvert sur les arbres et les arbrisseaux. — La seule espèce un peu commune dans nos environs est l'*O. Lunaris*, FF. 4, 244 (Pl. XIX, fig. 3). La *Lunaire*, 56 mill. Ses ailes supérieures sont d'un gris légèrement jaunâtre ou bleuâtre saupoudré d'atomes noirs, avec le bord terminal d'un brun noisette, plus ou moins foncé ; lignes très nettes, non dentées, rapprochées au bord interne ; tache réniforme étranglée, brune ; orbiculaire figurée par un point noir. Inférieures d'un gris noisette, avec une bande nuageuse plus foncée vers le milieu. Assez variable pour l'intensité de la couleur. Chenille en juillet sur le chêne. Papillon en mai et juin sur le tronc des arbres. Pas rare, mais jamais abondant. — Une assez jolie espèce, que l'on voit souvent voler en plein jour, en mai et juin, dans les prairies, est l'*Euclidia Mi*, FF. 4, 250 (Pl. XIX, fig. 4). L'*M. noire*, 32 mill. Ses ailes supérieures sont d'un gris noir, avec les lignes blanchâtres ; les deux médianes réunies par en bas ; la tache réniforme formée par un trait blanc, l'orbiculaire figurée par un point noir sur une tache grise. Frange blanche entrecoupée de noir. Inférieures noires, avec une tache cellulaire et deux séries de taches blanches, de formes variables. Chenille en juillet et août sur différentes plantes basses, mais principalement sur les trèfles. Commun.

Le G. **Brephos** a les antennes légèrement pectinées chez les mâles et filiformes chez les femelles ; le corps est grêle, velu, les ailes supérieures triangulaires, nébuleuses, les inférieures de couleurs vives ; les chenilles sont rares, lisses, allongées à seize pattes, les quatre intermédiaires courtes, impropres à la marche ; elles vivent sur les arbres et se chrysalident dans des coques légères, à la surface de la terre, ou entre les mousses et les écorces. — *B. Parthenias*, FF. 4, 168 (Pl. XIX, fig. 5). L'*Intruse*, 35 mill. C'est pendant que le soleil brille et que la température est douce que l'on voit voler ce joli papillon, en mars et souvent fin de février. Ses ailes supérieures sont d'un brun obscur saupoudré d'écailles cendrées, avec le bord et le milieu teintés de ferrugineux. La seconde ligne médiane suivie à la côte d'une tache blanche, sur laquelle on voit une tache noire. Tache réniforme arrondie, noirâtre, accolée à un espace blanc. Inférieures d'un jaune fauve, avec une bordure étroite et une grande tache triangulaire le long du bord abdominal, noires. ♀ plus grande et plus saupoudrée de blanc. Chenille en juin et juillet sur le bouleau. Papillon en mars, se pose souvent sur le tronc des bouleaux et sur les routes, surtout quand elles sont humides. Assez commun. — Une autre espèce également commune et ressemblant beaucoup à la précédente est le *B. Notha*, FF. 5, 169, 32 mill. Elle est toujours plus petite et paraît un mois après, c'est-à-dire qu'elle commence quand l'autre finit. Indépendamment de sa taille, ce qui la distingue principalement, c'est qu'elle n'a qu'une seule tache blanche à la côte, et que les antennes du mâle sont garnies de lames spatulées, tandis qu'elles sont simples chez sa voisine. Mêmes mœurs et mêmes localités.

Hypenidæ.

Antennes droites, non renflées, sans nodosités, garnies de cils ou de lames pubescentes, palpes longs, velus et étendus en avant, pattes longues, ailes larges, minces, les supérieures ayant des fascicules d'écailles saillantes, les inférieures bien développées, plissées, unies et sans dessins de part et d'autre. Chenilles cylindriques, allongées n'ayant que quatorze pattes, vivant à découvert dans les lieux frais et ombragés, sur les saules et les orties, le houblon, etc. Chrysalides dans des coques très légères. Papillon volant le soir dans les prairies et les lieux garnis de broussailles, dans le voisinage des habitations et même dans l'intérieur des appartements.

Le G. **Hypena** a les antennes longues, pubescentes, fasciculées dans les ♀ et à cils isolés dans les ♂; les palpes droits étendus et épais; les ailes supérieures minces, portant de petites crêtes d'écailles redressées; les inférieures larges, minces, à frange longue. — *H. Proboscidalis*, FF. 6,6. (Pl. XIX, fig. 6). Le *H. Museau*, 30 à 38 mill. Ailes supérieures aiguës au sommet, d'un gris jaunâtre ou roussâtre finement strié de brun, traversées par trois lignes brunes; la 3e sinueuse, composée d'une série de

points blancs, suivie au sommet d'une tache brune coupée en biseau. Inférieures d'un gris clair. Palpes très
longs, dirigés en avant en forme de trompe, d'où vient le
nom donné à cette espèce. ♀ semblable. Chenille en mai
et juillet sur les orties, le long des murs et dans les fossés
qui bordent les routes, les parcs et les jardins. Le papillon
vole le soir autour des orties. Commun. — *H. Rostralis*,
FF. 6, 7 (Pl. XIX, fig. 7). Le *Toupet*, 25 mill. Cette espèce
est encore plus commune que la précédente, car elle vole
presque toute l'année ; ses ailes supérieures sont d'un
gris brunâtre, avec la moitié de leur surface à partir de la
base d'une teinte plus foncée ; la ligne qui sépare ces deux
nuances est noire et bordée de blanchâtre ; le milieu est
traversé par un trait noir horizontal, avec deux points noirs
à chacune de ses extrémités. Inférieures d'un gris noirâtre
unie. Palpes très longs, droits et dirigés en avant. Chenille
en mai, août et septembre sur le houblon et la vigne
vierge. Papillon partout et jusque dans les appartements.

Geometridæ.

On a donné aux papillons de cette tribu les noms de
Phalènes, de *Géomètres*, d'*Arpenteuses* à cause de la singulière manière de marcher de leurs chenilles ; celles-ci
étant privées de deux ou trois paires de pattes membraneuses, elles n'ont de pattes qu'aux extrémités du corps ;
elles sont obligées, lorsqu'elles veulent changer de place,
de rapprocher les pattes membraneuses des écailleuses,
en élevant le milieu de leur corps de manière à former une
boucle plus ou moins arrondie, puis elles portent leur

tête en avant de sorte qu'elles semblent mesurer le terrain, d'où leur sont venues les noms que nous venons de citer. Beaucoup sont également remarquables par leur bizarre attitude dans l'état de repos ; elles cramponnent leur dernières pattes sur une petite branche, portent leur corps en avant, et presque verticalement, et restent des heures entières immobiles dans cette position. Dans cet état elle ressemblent à des petits morceaux de bois sec, ce qui leur a fait donner le nom d'*Arpenteuses en bâton*. Leur transformation a lieu tantôt dans une coque fragile peu profondément enterrée et tantôt dans un tissu léger entre les feuilles ou les broussailles. Les papillons éclosent depuis le mois de février jusqu'en décembre ; la plus grande partie vole après le coucher du soleil, quelques-uns pendant le jour, surtout quand ils sont dérangés de leurs retraites, ce qui permet de les chasser aussi bien le jour que le soir. Ces insectes se reconnaissent à leur corps grêle, allongé, ordinairement marqué de deux rangées de points noirs, à leurs ailes relativement larges, avec la couleur et les dessins des ailes supérieures se continuant souvent sur les inférieures. Parmi les nombreuses espèces de cette tribu, nous citerons principalement :

Le G. **Urapteryx**, dont les antennes sont simples dans les deux sexes, mais plus épaisses chez le mâle ; les ailes supérieures très aiguës au sommet, et le bord terminal des inférieures prolongé en queue ; la chenille allongée, en forme de branche d'arbre, à 3e anneau renflé, et munie d'éminences sur les 8e et 11e. Chrysalide dans un léger réseau suspendu par des fils, en guise de hamac. — *U. Sambucaria*, FF. 5, 2 (Pl. XX, fig. 1). La

Soufrée, 45 à 60 mill. Les quatre ailes sont d'un jaune de soufre, avec quelques stries fines olivâtres, et deux lignes transverses, parallèles, écartées, roussâtres ; les inférieures avec une queue courte, au-dessus de laquelle on voit deux petites taches, l'une noire, l'autre rouge et entourée de noir. La chenille (Pl. XXIV, fig. 4) est très longue et ressemble parfaitement à une petite branche d'arbre. On la trouve en septembre, mais elle passe l'hiver et se chrysalide en avril et mai ; elle vit sur la ronce, le prunellier, le chèvrefeuille et fréquemment sur le lierre. Papillon en juillet dans les bois et les jardins. Pas rare.

Le G. **Rumia** ne renferme qu'une seule espèce dont la chenille est ramiforme, à quatorze pattes, avec un tubercule très élevé sur le 6e anneau ; elle vit pendant presque toute l'année, sur le prunellier et l'aubépine ; sa métamorphose a lieu dans une coque assez solide, fixée aux branches ou entre les feuilles. — *R. Cratægata*, FF. 5, 7 (Pl. XX, fig. 2). La *Citronelle rouillée*, 32 mill. Les quatre ailes sont d'un beau jaune citron, avec deux lignes composées de lunules grises terminées à la côte par des taches ferrugineuses, et, entre ces deux lignes, une lunule bien distincte, excepté aux inférieures où elle est souvent peu marquée ; frange ponctuée de ferrugineux. Papillon depuis mai jusqu'en septembre dans les bois et les jardins. — Un petit papillon, très commun en mai et juin, est la *Venilia macularia*, FF. 5, 8 (Pl. XX, fig. 3). La *Panthère*, 28 mill. Ailes d'un jaune plus ou moins vif, avec des bandes transverses, interrompues, formées de beaucoup de taches noires inégales et irrégulières. Chenille en août et septembre, principalement sur les chicorées et les lamiers.

Dans le G. **Metrocampa** les chenilles ont 12 pattes, avec les côtés garnis d'appendices filamenteux ; elles sont allongées, aplaties en dessous, vivent sur les arbres et se chrysalident à la surface de la terre. Les papillons sont d'assez grande taille et habitent les forêts. — Une des plus belles espèces est la *M. Margaritaria*, FF. 5, 11 (Pl. XX, fig. 4). Le *Céladon* ou la *Perle*, 42 à 45 mill. Ailes supérieures légèrement anguleuses au sommet, avec un petit trait rouge ; les inférieures avec une dent saillante au milieu du bord terminal ; les quatre, d'un joli vert tendre, se changeant en gris de perle peu après la mort de l'insecte ; les inférieures traversées par deux lignes blanches et les supérieures par une seule. ♀ plus grande. Chenille en septembre sur le chêne. Papillon en juin et juillet, dans les grands bois. Pas très rare.

Le G. **Selenia** a les antennes du mâle pectinées jusqu'au sommet, celles des femelles filiformes ; le corps grêle, l'abdomen des mâles terminé en pointe, celui des femelles volumineux, surtout avant la ponte ; les ailes bien développées, anguleuses et très dentées, à couleurs vives et à dessins plus nets en dessous qu'en dessus, avec une lunule plus ou moins transparente et une tache apicale semilunaire, bien marquée. Chenilles épaisses, rameuses, renflées en arrière, à tête petite, vivant sur les arbres. Chrysalides enterrées. — *S. Lunaria*, FF. 5, 21 (Pl. XX, fig. 5). Le *Croissant*, 32 à 35 mill. Ailes dentées, les inférieures avec un sinus assez profond vers le milieu du bord externe, d'un jaune d'ocre plus ou moins saupoudré d'atomes ferrugineux, quelquefois d'un jaune rosé ; les supérieures traversées par deux lignes brunes, écartées, l'ombre médiane ferrugineuse, se continuant sur les inférieures où

elle est également bordée de deux lignes brunes. Tache
demi-lunaire ferrugineuse, et sur le disque de chaque aile
un petit croissant blanc, transparent. ♀ plus grande,
quelquefois un peu verdâtre. Chenilles en mai-juin, puis
août-septembre. Peu commun. — *S. Tetralunuria*, FF.
5, 22 (Pl. XX, fig. 6), 40 à 45 mill., l'*Illustre*. Forme
de la précédente, plus grande, d'un gris nuancé de rosé,
avec la tache semi-lunaire, la base et le milieu d'un brun
violâtre ; sur le disque de chaque aile une petite lunule
blanche, vitrée. ♀ plus grande. Chenilles sur les mêmes
arbres que *Lunaria* et aux mêmes époques, ainsi que le
papillon. Plus rare.

Le G. **Crocallis** a les antennes robustes et fortement
pectinées chez les mâles, filiformes chez les femelles ; les
ailes épaisses, veloutées, aiguës à l'angle du sommet, avec
les deux lignes médianes formant un trapèze plus foncé.
Chenilles rameuses, demi-luisantes, allongées, grossissant
d'avant en arrière, à tubercules peu saillants ; vivant sur
les arbres et les arbrisseaux. — *C. Elinguaria*, FF. 5, 26
(Pl. XX, fig. 7). L'*Aglosse*, 35 à 40 mill. Ailes d'un jaune
paille, les supérieures ayant une bande médiane d'un brun
clair ; cette bande, qui est rétrécie au bord interne, est bordée de chaque côté par une ligne rousse ou ferrugineuse,
et, sur cette bande, un point noir bien marqué. Les inférieures plus claires, avec un point noir plus petit, souvent
nul. Dessous sans bande médiane. La chenille est assez
commune en avril et mai sur le prunellier, l'aubépine, le
genêt, le chêne, etc. ; elle s'élève facilement. Papillons en
juillet et août dans les bois, les bruyères, les champs de
genêts.

Le G. **Ennomos** a les antennes très pectinées, à lames

longues et serrées chez les mâles, dentées en scie chez les femelles, les ailes dentées, à franges entrecoupées, munies au bord terminal d'une dent plus saillante que les autres et arrondie. Chenilles rameuses, garnies de tubercules sur le dos et les côtés; vivant sur les arbres et se chrysalidant entre les feuilles dans de légers réseaux. — *E. Angularia*, FF. 5, 34 (Pl. XX, fig. 8). La *Zone*, 38 mill. Ailes dentées, à dents du milieu larges et arrondies, d'un fauve plus ou moins rougeâtre, à frange blanche entrecoupée de brun noir. Lignes brunes, arquées, la première en crochet vers la côte, espace terminal souvent plus foncé. Inférieures sans aucune ligne, assez variable : quelquefois d'un ocracé terne, aspergé de brun. Chenilles en juin, sur la plupart des arbres forestiers. Papillons en août et septembre, sur le tronc des arbres et même à terre sur les routes des forêts. Assez commun.

Le G. **Himera** se distingue par les antennes du mâle qui sont entièrement plumeuses, à lames très longues; les ailes supérieures légèrement dentées, à lignes bien distinctes, les inférieures courtes et non anguleuses. — *H. Pennaria*, FF. 5, 36 (Pl. XX, fig. 9). La *Phalène emplumée*, 42 mill. Ailes supérieures d'un jaune d'ocre plus ou moins teinté de rougeâtre et pointillé de brun. Les lignes sont d'un *rouge de brique*, souvent brunes, avec le sommet des ailes orné d'une tache cerclée de brun. Inférieures plus claires, avec une seule ligne droite et un point discoïdal. Antennes de la couleur des ailes avec la tige blanchâtre. ♀ plus pâle, quelquefois d'un gris verdâtre. Chenilles en mai sur le chêne. Papillons en septembre et octobre, dans tous les bois et assez commun.

Le G. **Phigalia** a les antennes plumeuses chez les

mâles; les ailes grandes; mais ce qui distingue ce genre de tous les précédents, dans les *Géomètres*, c'est que la femelle est complètement aptère, fait que nous allons retrouver chez plusieurs autres espèces. Chenilles à premiers anneaux épais, à tubercules relevés en petites pyramides poilues, vivant sur les arbres et se chrysalidant en terre. — *P. Pilosaria*, FF. 5, 38 (Pl. XX, fig. 10 et 11), 42 mill. Ailes bien entières, minces, d'un gris verdâtre; les supérieures recouvertes d'atomes d'un brun olive, avec les lignes transverses, nébuleuses, interrompues, terminées à la côte par des taches d'un brun bistré. Inférieures plus claires et moins chargées d'atomes. Abdomen rougeâtre et zoné de noir. ♀ aptère, à abdomen comme celui du mâle. Chenilles en mai et juin sur différents arbres, dans les avenues, les forêts, les promenades publiques. Papillons en février et mars sur le tronc des arbres, dans les mêmes lieux que la chenille.

Les femelles sont également aptères dans les genres **Nyssia** et **Biston** dont les chenilles vivent sur les arbres et les plantes basses. C'est en mars et avril qu'il faut chercher le *B. Hirtaria*, FF. 5, 43 (Pl. XX, fig. 12). La *Phalène hérissée*, 40 mill.; sur le tronc des ormes et des tilleuls des routes et des promenades, reconnaissable à ses ailes demi-transparentes quoique fortement saupoudrées de noir, et à son corselet hérissé de poils très épais, mêlés de gris et de brun. ♀ ailée, plus grande, plus transparente, avec les dessins plus vagues. Chenilles en août et septembre, principalement sur les ormes, dans les rides des écorces.

Le G. **Amphydasis** se reconnaît à ses chenilles longues, cylindriques, à tête plate, carrée, très échancrée en avant, vivant sur les arbres et se chrysalidant en terre et sans sa coque. — A. *Betularia*, FF. 5, 45 (Pl. XX, fig. 13). La *Phalène du bouleau*, 45 mill. Ailes supérieures allongées au sommet, blanches, fortement pointillées de noir, avec les lignes noires souvent perdues dans les atomes, avec trois autres taches à la côte. Inférieures avec une seule ligne faisant un angle prononcé dans la celulle. Abdomen blanc pointillé de noir. ♀ plus grande, plus fortement pointillée de noir. Chenilles sur presque tous les arbres forestiers depuis juillet jusqu'en octobre. Papillons d'avril en juin. Assez commun.

Les espèces du G. **Boarmia** ont les ailes grises, à dessins communs, non anguleuses; les supérieures triangulaires, à angle apical prolongé; les inférieures arrondies, dentées. Chenilles à 10 pattes, en bâton, ordinairement sans éminences, vivant sur les arbres, les plantes basses et sur les lichens. Chrysalides enterrées ou contenues dans des feuilles. — B. *Roboraria*, FF. 5, 68 (Pl. 20. fig. 14). La *Boarmie du chêne*, 50 mill. C'est la plus grande de toutes les espèces de ce genre; les quatre ailes sont d'un gris cendré blanchâtre, avec une bande roussâtre sur chacune d'elle. Les supérieures sont traversées par des lignes qui ne sont jamais très bien marquées, ordinairement maculaires et visibles seulement à la côte et au bord interne; la subterminale est blanche, bordée de noir et se continue sur les inférieures. Collier noir. Chenilles en mai et en août sur le chêne. Papillons en avril et en juillet. Peu commun.

On trouve souvent sur les genêts une chenille verte, rigide, ayant la tête et le premier anneau armés chacun de deux pointes dirigées en avant; elle donne en juillet un joli papillon vert, le **Pseudoterpna** *pruinata*, FF. 5, 98, (Pl. XX, fig. 15). L'*Hémithée du genêt*, 30 à 35 mill., dont les ailes sont d'un beau vert clair semé d'atomes blanchâtres avec les deux lignes médianes et son point cellulaire d'un vert plus foncé. Les antennes sont peu pectinées et d'un vert blanchâtre. Commun et facile à obtenir en éducation.

Le G. **Geometra** a les antennes pectinées chez les mâles; les ailes larges, à fond vert, mates, à lignes distinctes. Chenilles courtes, d'égale grosseur, avec la tête arrondie et plusieurs tubercules sur les anneaux intermédiaires; vivant sur les arbres et se chrysalidant entre les mousses ou les feuilles. — G. *Papilionaria*, FF. 5, 101 (Pl. 20, fig. 16). La *Papilionaire*, 45 à 50 mill. Cette belle et grande espèce a les ailes larges, d'un beau vert de pré, avec les lignes médianes formées de petites lunules blanches, ombrées intérieurement de vert plus foncé; ces lignes plus ou moins bien marquées selon les individus. Antennes et pattes jaunâtres. Chenille grosse, un peu ridée, avec des pointes charnues rouges à l'extrémité. Elle vit en juin et septembre sur le bouleau, le hêtre, le noisetier, l'aulne, etc. Papillon en juillet dans les avenues des bois, et au bord des eaux. ·

Le G. **Ephyra** se compose de petites espèces qui n'ont rien de remarquable comme couleur, mais qui se reconnaissent facilement à la tache ocellée dont leurs ailes sont ornées. Les chenilles seules présentent une anomalie parmi toutes celles des nocturnes; leurs chrysalides, au lieu d'être renfermées dans une coque, sont attachées sur les feuilles au moyen d'un fil anal et d'un lien transversal comme beaucoup de diurnes des genres *Papilio* et *Pieris*.

— *E Punctaria*, F.F. 5, 117 (Pl. 20, fig. 17). La *Ponctuée*, 22 à 28 mill. Se trouve communément dans les bois sur le tronc des arbres; ses ailes sont d'un jaune ocracé, plus ou moins chargé de fins atomes bruns, avec le disque des supérieures presque toujours sablé de ferrugineux, et quelquefois avec des taches brunes plus ou moins bien marquées. Chenille en juillet et septembre sur le chêne. Papillon au printemps et en été. — *E. annulata*, FF. 5, 119 (Pl. 20, fig. 18), 22 à 25 mill. Les *Quatre Omicrons*, d'un jaune pâle, avec un O bien marqué sur chaque aile. Chenille en juin et septembre sur l'érable champêtre. Papillon en juin et août. — *E. Pendularia*, FF. 5, 121 (Pl. 20, fig. 19). La *Suspendue*, 26 mill.; Chenille en juin et septembre sur le bouleau. Papillon en mai et août.

Le G. **Acidalia** renferme un assez grand nombre d'espèces, toutes d'assez petite taille, de couleurs ternes et pâles, à dessins peu variés, à antennes courtes, ciliées chez les mâles et filiformes chez les femelles, à ailes entières, lisses, soyeuses, les quatre de même couleur. Chenilles effilées, rigides, plissées transversalement, vivant généralement sur les plantes basses et se cachant pendant le jour. Chrysalide enterrée. — *A. Ochrata*, FF. 5, 132 (Pl. 20, fig. 20). 21 mill. L'*Acidalie pâle*. Ailes larges, d'un roux argileux; les supérieures avec trois lignes brunes, les inférieures avec deux; toutes ces lignes fines et bien marquées. Chenilles en juin sur plantes basses. Papillons en juillet dans les prés, les coteaux secs et herbus. Communs. — *A. Rubiginata*, FF. 5, 136 (Pl. 20, fig. 21), 20 à 25 mill. La *Rougeâtre*. Très variable. Ailes d'un gris verdâtre ou rosé, passant au rouge pourpré

et au pourpre vif, avec l'espace terminal plus foncé ; les
supérieures avec trois lignes d'un brun rouge, les inférieures avec deux. Chenilles sur plantes basses. Papillons
de mai en août. Assez commun dans les prairies sablon-
neuses et les coteaux secs et arides. — A. *Incarnaria*, FF.
5, 154 (Pl. 20, fig. 22), 16 à 20 mill. La *Vieillie*. Ailes
d'un gris blanchâtre saupoudré de fins atomes bruns,
avec les lignes fines, dentées, et des petits points
noirs à l'extrémité des dents. Chenilles pendant toute
l'année sur toutes sortes de plantes et d'arbustes. En
captivité elle s'accommode de mousses et de feuilles
sèches, et se propage ainsi pendant longtemps dans les
vases d'éducation. Papillons de mai en octobre. Partout
et même dans les maisons.

Le G. **Pellonia** a les antennes garnies de lames longues et fines chez les mâles, sétacées chez les femelles.
Les ailes sont larges, avec des lignes et des bandes roses ;
les chenilles sont allongées, très vives, se roulant sur
elles-mêmes lorsqu'on les saisit et se laissant tomber à
terre ; vivant de graminées et se chrysalidant dans des
coques de terre. — *P. Vibicaria*, FF. 5, 183 (Pl. XX,
fig. 23). La *Bande rouge*, 30 mill. Ailes d'un jaune pâle
légèrement olivâtre, uni, avec deux lignes communes,
roses, parallèles et sur les supérieures une basilaire également rose. ♀ plus grande et plus olivâtre. Chenille en
septembre et octobre sur les graminées et les genêts.
Papillon en juin et juillet dans les lieux herbus, les collines sèches et chaudes. Pas rare.

Dans quelques cantons on a donné le nom de *Virgi-
nale* à la **Cabera** *Pusaria*, FF. 5, 189 (Pl. 20 fig. 24), 30
à 33 mill. Ses ailes sont d'un beau blanc satiné, strié,

avec quelques rares atomes noirs ; les supérieures traversées par trois lignes grises, parallèles, droites, les deux
dernières se continuant seules sur les inférieures, corps
de la couleur des ailes. Chenille en juin et en septembre
sur le chêne et le bouleau. Papillon pendant toute la
belle saison. Commun.

Le G. **Strenia** a les antennes pubescentes chez les
mâles et sétacées chez les femelles ; les ailes sont larges,
pulvérulentes et à dessins communs ; elles sont traversées
par des lignes irrégulières, transversales et longitudinales, se croisant à angle droit. Les chenilles sont courtes, aplaties en dessous, sans éminences, vivant sur les
luzernes. Chrysalides enterrées. — L'espèce de ce genre
la plus répandue dans nos prairies est la S. *Chlatrata*, FF.
5, 213 (Pl. XX, fig. 25). La *Phalène à barreaux*, 25 à
30 mill. Ses ailes sont d'un jaune d'ocre mêlé çà et là de
blanc, traversées par plusieurs lignes d'un brun noir
irrégulières, se croisant à angle droit par les nervures
qui sont également d'un brun noir, de manière à former
une espèce de grillage. Chenille au printemps et à l'automne sur la luzerne, le sainfoin et autres plantes ana-
logues. Papillon pendant toute la belle saison dans les
champs et les prairies. Assez variable.

Le G. **Fidonia** renferme d'assez jolies espèces, ordinairement de couleur jaune ou fauve, avec des dessins
et des taches noires ou brunes ; la plupart volent en
plein jour dans les champs de genêts et de bruyères. Les
mâles ont les antennes pectinées, souvent même plumeuses, celles des femelles dentées. Chenilles allongées,
cylindriques, sans éminences, à lignes distinctes, vivant
sur les arbres et les plantes basses. Chrysalides enterrées.

L'espèce la plus commune partout est la *F. Atomaria*,
FF. 5, 231 (Pl. XX, fig. 26). La *Rayure jaune*, 28 à 32
mill. Ailes d'un jaune d'ocre plus ou moins foncé, fortement sablé de brun, avec une large bordure brune, commune aux quatre ailes. Les supérieures traversées par
quatre lignes brunes, dentées, la quatrième interrompue
au milieu par une tache jaune ; les inférieures avec trois
lignes. Frange entrecoupée de jaune et de brun. ♀ plus
petite, d'un jaune pâle ou blanchâtre. Chenille en juin et
en septembre sur les genêts et différentes plantes basses.
Papillon pendant presque toute l'année dans les bois et
les champs. — *F. Piniaria*, FF. 5, 234 (Pl. XX, fig. 27). La
Phalène du pin, 35 mill. Si l'on veut se procurer cette
Géomètre dans toute sa beauté, il faut en élever la chenille, car le papillon vole en plein jour au sommet des
pins et des sapins, ne descend à terre que rarement et
est très difficile à prendre frais. Les ailes supérieures sont
d'un jaune plus ou moins vif, de même que la côte, les
bords interne et externe, et toute la partie du sommet. La
partie jaune est divisée en trois taches irrégulières ; inférieures d'un brun noir avec une bande longitudinale formée de trois taches jaunes, la troisième suivie de trois
autres taches. ♀ plus grande, variant du brun roux au
fauve, avec le sommet plus brun et quelquefois deux ou
trois lignes transverses peu marquées. Chenille sur les
pins et les sapins, depuis août jusqu'en octobre. Papillon
en mai et juin.

Le G. **Lythria** a les antennes courtes et plumeuses
chez les mâles, moniliformes chez les femelles ; les ailes
sont courtes, mates, veloutées. Les chenilles sont allongées, rigides, à tête globuleuse et vivent sur les plantes

basses. — *L. Purpuraria,* FF. 5, 24 (**Pl. XX, fig. 28**).
L'*Ansanglantée,* 20 à 25 mill. Ailes supérieures variant
du fauve au fauve olivâtre, avec deux bandes transverses
d'un rose pourpré, la première arquée la seconde étroite
et oblique. Ces deux bandes n'atteignant pas ordinairement le bord interne. Inférieures d'un jaune vif, avec le
bord interne lavé d'olivâtre. ♀ semblable. Chenille en
juin et en septembre sur la renouée et la patience. Papillon en avril et mai, puis en juillet et août. Commun sur
les collines chaudes et arides, les champs et les prairies.

Le G. **Abraxas** a les antennes courtes, simplement
pubescentes chez les mâles ; les ailes larges, veloutées,
traversées vers leur milieu par une ou deux rangées de
points. Les chenilles sont glabres, courtes, épaisses, avec
le dos marqué de taches ou de lignes noires. Elles vivent
sur les arbres et les arbrisseaux et se chrysalident entre
des feuilles liées avec quelques fils. — *A. Grossulariata,*
FF. 5, 257 (Pl. XX, fig. 29). La *Touchetée,* 40 mill.
Cette belle espèce a les ailes arrondies, blanches, avec
beaucoup de taches noires ; les supérieures ont en outre
deux lignes fauves, bordées de chaque côté de taches
noires, dont plusieurs sont confluentes. Inférieures avec
deux rangées de taches noires et de quelques autres
taches sur la surface de l'aile. Corselet et abdomen jaunes et tachetés de noir. Chenille en mai sur le pêcher,
l'abricotier et principalement sur le groseillier épineux ;
elle est commune certaines années. Papillon en juillet
dans les haies et les vergers. — *A. Sylvata,* FF. 5, 258
(Pl. XXI, fig. 1), 40 mill. Cette espèce est également belle,
mais quoique commune elle est beaucoup plus localisée
que la précédente ; ses ailes sont blanches, les supérieures

ont à la base une grande tache d'un brun ferrugineux, puis deux rangées transverses de taches arrondies d'un gris bleuâtre ; la première simple, s'élargissant vers le milieu de l'aile en une grande tache de même couleur, la seconde double se terminant à l'angle interne par une grande tache d'un brun ferrugineux. Inférieures traversées dans leur milieu par une rangée de taches grises se terminant également par une tache ferrugineuse comme aux supérieures. Abdomen jaune, avec cinq rangées de points noirs. Chenille en août et septembre sur l'orme et le platane. Papillon en juin et juillet dans le Nord ; on le prend quelquefois aux environs de Paris.

Le G. **Lomaspilis** ne comprend qu'une seule espèce, assez commune partout en mai et juin, puis en août, dans les lieux frais et humides. *L. Marginata*, FF. 5, 262 (Pl. XXI, fig. 2). La *Marginée*, 20 à 25 mill. Ses ailes sont d'un blanc très légèrement teinté de jaune, avec une bordure terminale brune, sinuée, très échancrée aux supérieures qui ont en outre deux taches de même couleur à la côte. Inférieures avec la bordure souvent interrompue. Les quatre ailes ont aussi quelquefois une ou deux taches brunes. Chenille en avril et mai sur les saules.

Hybernidæ.

On a donné ce nom aux papillons de cette tribu, parce qu'ils éclosent presque tous pendant l'hiver, c'est-à-dire depuis le mois de novembre jusqu'en mars. Mais ce qui rend ces papillons remarquables, c'est que toutes leurs femelles sont complètement privées d'ailes ou n'en ont

que des rudiments impropres au vol; elles vivent toutes
à terre ou appliquées contre le tronc des arbres. Ce n'est
donc qu'en les cherchant attentivement ou en élevant
leurs chenilles qu'on peut se les procurer.

Le G. **Hybernia** a les antennes garnies de lames
fines et pubescentes chez les mâles ; les ailes supérieures
plus colorées que les inférieures et les recouvrant dans
l'état de repos. Les chenilles sont allongées, cylindriques,
à tête globuleuse et vivent à découvert sur les arbres et
les arbrisseaux. — *H. Leucophæria*, FF. 5, 273 (Pl.
XXI, fig. 3). La *Grisâtre*, **30** à **34** mill. Ailes supérieures
allongées, d'un blanc sale pointillé de noir et de bistre,
avec deux lignes transverses noirâtres ; la première courbe,
la seconde très ondulée ; la frange entrecoupée de bistre
et précédée d'une ligne de points noirs. Inférieures sans
dessins. ♀ n'ayant que des rudiments d'ailes. Chenille
en mai et juin sur le chêne. Papillon en février et mars ;
vole en plein jour dans tous les bois. — *H. Defoliaria*,
FF. 5, 276 (Pl. XXI, fig. 4 et 5). La *Défeuillée*, **40** mill.
Cette espèce est tellement variable qu'il est rare d'en
trouver deux individus exactement semblables On considère comme type ceux qui ont les ailes d'un jaune d'ocre
clair, strié de brun, avec deux bandes brunes ou noirâtres:
la première à la base de l'aile, la seconde vers l'extrémité.
Les deux lignes ordinaires sont noires, fines et anguleuses.
Inférieures d'un blanc paille saupoudrées d'atomes noirs
et un point cellulaire, souvent deux. ♀ complètement
sans ailes, de la couleur du mâle, avec des points noirs
sur le corps. Variétés d'un brun roux uniforme, ou d'un
fauve foncé et pointillé de brun, avec les bandes et les
lignes souvent absorbées. Chenille en mai et juin sur

ous les arbres fruitiers et forestiers. Papillon en novem-
)re et décembre. Commun.

Le G. **Anisopterix** a les antennes garnies de cils
ins et un peu frisés ; les ailes délicates, minces, soyeuses,
es supérieures triangulaires, croisées l'une sur l'autre,
u repos. — A. *Æscularia*, FF. 5, 276 (Pl. XXI, fig. 6).
l'Hibernie du marronnier d'Inde, 34 mill. Ailes supé-
ieures d'un gris brun soyeux, finement piquetées de noir,
vec deux lignes transverses noires, très dentées et éclai-
ées de blanc extérieurement. Frange longue, précédée de
)oints noirs. Inférieures d'un gris bistré pâle, avec la trace
l'une ligne transverse surmontée d'un point noir. ♀
ptère, ovoïde, d'un brun clair, avec une brosse anale
soyeuse et noirâtre à la base. Chenille en mai sur le
:hêne, l'orme, le tilleul, le prunellier, etc. Papillon
:ommun en mars dans les bois et les jardins.

Larentidæ.

Les *Larentides* ont les antennes simples dans les deux
sexes ; les ailes lisses, veloutées ou luisantes ; les supé-
ieures marquées de nombreuses lignes ondulées. Les
:henilles sont lisses, cylindriques, avec la tête petite et
onvexe ; elles vivent sur les arbres et les plantes basses
t se chrysalident dans des coques.

Le G. **Cheimatobia** renferme une espèce dont la
henille est des plus nuisible à nos arbres fruitiers ; c'est
a *C. Brunata*, FF. 5, 280 (Pl. XXI, fig. 7 et 8). L'*Hyé-
ale*, 30 mill. Ses ailes supérieures sont d'un brun enfumé
:lair, soyeux, traversées par beaucoup de lignes plus

foncées et plus ou moins distinctes avec un point noir
sur la nervure médiane. Inférieures plus claires, avec
deux lignes brunâtres et écartées. ♀ à ailes rudimentaires, d'un gris brunâtre, marquées d'une bandelette
noirâtre. Chenille au printemps sur les pommiers et les
poiriers dont elle mange les bourgeons à fruits ; elle vit
également sur les arbres forestiers. Papillon très commun
dans les bois et les jardins en novembre ; il s'assemble
quelquefois le soir en grand nombre autour des lan-
ternes des rues.

Le G. **Larentia** a les antennes courtes, pubescentes,
garnies de lames minces chez les mâles, et filiformes chez
les femelles ; les ailes sont larges, veloutées ou soyeuses;
les supérieures à lignes nombreuses presque parallèles,
avec le point cellulaire bien distinct ; les inférieures
arrondies et à lignes affaiblies. Les chenilles sont allongées, atténuées en avant, à têtes globuleuses, vivant sur
les plantes basses. Les papillons de ce genre appartiennent presque tous aux pays montagneux et sont souvent
fort difficiles à distinguer les uns des autres. — *L. Viri-
daria*, FF. 5, 304 (Pl. XXI, fig. 9). la *Verdâtre*, 25 mill.
Jolie petite espèce à ailes supérieures d'un vert tendre,
avec la base et une bande médiane d'un brun verdâtre,
souvent peu marquée, bordée par deux lignes blanches
très ondulées, terminées à la côte par deux taches triangulaires et au bord interne par une tache carrée, noires.
Inférieures grises, avec une bandelette claire, brisée en
angle dans son milieu. ♀ un peu pus grande. Chenille
en été et en automne sur différentes espèces de caille-lait.
Papillon en mai, juin, juillet dans les bois frais, les jardins, le bord des ruisseaux. Pas rare.

Le G. **Eupithecia** est un des plus nombreux parmi
les Géomètres; les espèces qui le composent sont toutes
de petite taille, de dessins et de couleurs généralement
peu variés ; leurs antennes sont courtes, grêles, pubescentes chez les mâles, leurs ailes sont lisses, concolores et à dessins communs, consistant en de nombreuses
lignes fines. Au repos elles sont étendues et appliquées
contre le plan de position. Les chenilles sont raides, carénées sur les côtés, souvent marquées de chevrons dorsaux, à tête petite et globuleuse; vivant sur les arbres et
les plantes basses. Chrysalides dans de petites coques
de terre ou entre les feuilles. Ces petites espèces volent
le soir dans les bois, les prairies et les jardins ; elles sont
fort difficiles à déterminer, surtout quand elles ont volé;
aussi le meilleur moyen de se les procurer fraîches, est-
il d'en élever les chenilles que l'on trouve souvent facilement. — *E. Oblongata*, FF. 5, 313 (Pl. XXI, fig. 10). La
Larentie de la centaurée, 19 mill. Ailes supérieures étroites,
blanches, avec la côte marquée d'une grande tache d'un
gris bleuâtre, et trois lignes transverses, noires, souvent
interrompues sur le disque, qui est en outre orné d'un
croissant noir. Espace terminal teinté de roux. Inférieures blanchâtres, traversées par plusieurs lignes ondulées, peu marquées. ♀ plus grande. Chenille sur plusieurs
plantes basses pendant une partie de l'année. Papillon
en mai, juin, juillet et août. Assez commun dans les jardins. — *E. Linariata*, FF. 5, 320 (Pl. XXI, fig. 11).
La *Larentie de la linaire*, 18 mill. Ailes supérieures d'un
gris roussâtre ou ferrugineux, traversées par une bande
médiane d'un noir bleuâtre, bordée de blanc des deux
côtés et marquée au centre d'un croissant noir. Inférieures

grises, avec une bande médiane blanchâtre et un petit point noir. Chenille en septembre et octobre sur la *linaire vulgaire*, dont elle mange les fleurs et les graines. Papillon en juin et août, dans les champs et les coteaux où croissent les linaires. C'est une des plus jolies espèces du genre.— *E. Rectangulata*, FF. 5, 326 (Pl. XXI, fig. 12). La *Rectangulaire*, 20 à 22 mill. Quand elle est fraîche cette espèce est également très jolie ; ses ailes sont d'un beau vert clair, avec les lignes brunes ou noires, bien marquées, les médianes formant une bande dont le milieu est souvent rempli de noir ainsi que la base des inférieures. Chenille en avril et mai dans les bourgeons naissants des pommiers et des poiriers, qu'elle lie par des fils de soie et met obstacle à leur développement ; aussi est-elle très souvent nuisible aux arbres fruitiers. Papillon dans les vergers en juin et juillet. — Nous citerons encore, comme espèces faciles à se procurer, *E. Assimilla* dont la chenille vit en septembre et octobre sur le houblon— *E. Millefoliata*. Chenille en automne sur le millefeuilles — *E. Nanata*. Chenille en octobre sur la bruyère — *E. Sobrinata*. Chenille en avril et mai sur le génévrier commun— *E. Subnotata*. Chenille en octobre et novembre sur plusieurs espèces de *chénopodes* — *E. Pulchellata*. Chenille en juillet sur la *digitale pourprée* dont elle mange les fleurs et les graines — *E. Pusillata*. Chenille sur les pins et les sapins.

Le G. **Lobophora** se distingue par un caractère particulier aux espèces qui le composent ; c'est un petit lobe de même nature que les ailes, placé à la base de chaque aile inférieure, chez les mâles seulement, de manière à figurer une troisième paire d'ailes, quoiqu'elle soit tout à fait impropre au vol, d'où viennent les noms de *Sexalata*, *Lobulata*, *Hexapterata*, donnés à quelques espèces de ce genre. — *L. Hallerata* ou *Hexapterata*, FF. 5, 374 (Pl. XXI, fig. 13). L'*Hexaptère*, 28 à 30 mill. Ailes supérieures allongées à l'angle apical, blanches, saupoudrées d'atomes gris, avec cinq doubles lignes ondulées et plus ou moins bien marquées; l'intervalle entre les deux ou trois premières rempli d'atomes formant une large bande d'un brun noirâtre. Inférieures blanches avec le bord sali de noirâtre et le lobe appendiculaire occupant toute la cellule. Chenille en juin sur les saules et les peupliers. Papillon en avril et mai dans les bois et les taillis. Peu commun. — *L. Sexalisata* ou *Sexalata*, FF. 5, 375 (Pl. XXI, fig. 14). L'*Amathie à six ailes*, 20 à 22 mill. Ailes supérieures d'un gris brunâtre ou noirâtre, avec trois bandes transverses et ondulées, blanches, divisées par une ligne jaunâtre ou olivâtre. Inférieures blanches avec le bord terminal lavé de noirâtre. ♀ semblable. Chenille en juillet et août sur les saules et les peupliers. Papillon en mai, dans les mêmes lieux que le précédent.

Le G. **Thera** a les ailes entières, soyeuses, les supérieures avec une bande médiane plus foncée et rétrécie par en bas. Les antennes des mâles sont pubescentes ou garnies de lames fines. Les chenilles sont courtes, rases, lisses, à tiges très distinctes et vivent dans les conifères. Les chrysalides sont vertes et renfermées dans des coques de soie entre les feuilles. — *T. Juniperata*, FF. 5, 379 (Pl. XXI, fig. 15). La *Chésias du genévrier*, 28 mill. Ailes supérieures d'un gris pâle, avec la base et une bande médiane d'un gris plus foncé ; cette bande limitée par deux lignes noires, très dentées, divisant sa partie inférieure en

taches ovales superposées, quelquefois isolées. Un trait
apical noir bien marqué. Inférieures d'un gris pâle, uni,
avec une ligne médiane plus foncée•et sinuée. Chenille
en juillet et août sur le genévrier commun. Papillon en
septembre et octobre dans les bois de genévriers. —
T. Variata, FF. 5, 381 (Pl. XXI, fig. 16). La *Chésias
variée*, 26 à 30 mill. Cette espèce est très variable; le type,
qui se rencontre rarement aux environs de Paris, est d'un
gris un peu olivâtre et saupoudré de blanchâtre, avec la
base et une bande médiane noirâtre ou brunâtre. Cette
bande, qui varie beaucoup pour la forme, est toujours
plus étroite inférieurement et forme alors de petites taches
ovales et contiguës. Inférieures grises avec une lunule
cellulaire plus ou moins distincte, et une ligne médiane
noirâtre. Chenille au printemps et à l'automne sur les
pins et les sapins. Papillon en mai, juin et septembre. —
La variété *Simularia* a les mêmes dessins que le type,
mais sa couleur est d'un gris ocracé pâle, souvent blanchâtre avec la bande médiane d'un fauve isabelle uni,
plus ou moins foncé. C'est cette variété que l'on trouve
le plus souvent à Paris et surtout à Fontainebleau.

Les espèces du G. **Melanthia** sont assez jolies, quoique peu variées en couleurs. Leurs ailes sont entières,
satinées, blanches, peu marquées de lignes, avec la base
d'un brun foncé. Les chenilles sont allongées, atténuées
en avant, vertes, avec la tête d'une autre couleur. Elles
vivent à découvert sur les arbres ou les plantes basses et
se chrysalident dans des coques de terre ou entre les
feuilles. — *M. Albicillata*, FF. 5, 392 (Pl. XXI, fig. 17).
La *Corycie de la ronce*, 30 à 34 mill. C'est dans les routes
ombragées des bois où croissent les ronces que l'on

trouve cette belle et élégante espèce en mai, juin et juillet. Ses ailes sont d'un blanc de lait; les supérieures ont à leur base une grande tache d'un brun marron bordée de brun rouge et traversée par trois lignes ondulées, bleuâtres; une seconde tache également brune se voit au sommet de l'aile et donne naissance à une double raie brune qui se termine près de l'angle interne. Inférieures avec une bordure d'un gris bleuâtre surmontée d'une double ligne brune. ♀ semblable. Chenille en août et septembre sur la ronce et le framboisier. Peu commun.

Le G. **Melanippe** diffère peu du précédent; les espèces qui le composent sont également noires et blanches, avec une bandelette commune, blanche, médiane, souvent divisée au milieu par une ligne ou une série de points. Chenilles courtes, cylindriques, sans lignes bien apparentes, vivant sur les arbres ou les plantes basses et se chrysalidant dans une coque de terre. — *M. Tristata*, FF. 5, 395 (Pl. XXI, fig. 18). La *Triste*, 24 mill. Ailes noires les supérieures traversées par deux bandelettes blanches; la 1re à la base, la 2e un peu au delà du milieu; ces deux bandes divisées longitudinalement par une ligne de points noirs, la seconde de ces bandes se continuant seule sur les inférieures. Frange entrecoupée de blanc et de noir. Chenille en juin et en septembre sur le caille-lait jaune. Papillon en avril et mai, puis en juillet, dans les bois ombragés, sur les murs, les palissades, etc. Pas rare. — *M. Hastata*, FF. 5, 393 (Pl. XXI, fig. 19). La *Hastée*, 35 mill. Ailes noires; les quatre traversées par une large bande médiane blanche, très découpée, surtout dans son milieu où elle s'avance vers le bord externe en forme de fer de lance; cette bande est en outre traversée par une ligne de points noirs. Une ou deux lignes blanches, ainsi que quelques points de cette couleur, se voient également dans l'espace basilaire ainsi que dans l'espace terminal. Frange entrecoupée de noir et de blanc. Chenille en août, sur le bouleau, dans une feuille pliée en deux et attachée avec de la soie. Papillon en mai et juin dans les avenues des grands bois. Assez rare. — *M. Fluctuata*, FF. 5, 404 (Pl. XXI, fig. 20). La *Mélanthie ondée*, 20 à 25 mill. Ailes supérieures d'un gris blanchâtre, traversées par beaucoup de lignes fines, dentées, incomplètes et ponctuées sur les nervures, avec trois grandes taches d'un brun noir ; la 1re couvrant la base, la 2e et la 3e costales, cette dernière souvent suivie par deux autres petites taches. Inférieures plus claires, avec une large bordure grise. Chenille en juin et en juillet, sur beaucoup de plantes basses, dans les champs et les jardins. Papillon depuis mai jusqu'en août sur les murs, les palissades et les troncs d'arbres. Commun.

C'est en juin et en août, en battant les buissons d'épine vinette, que l'on peut se procurer parfaitement la chenille de **Anticlea** *berberata*, FF. 5, 413 (Pl. XXI, fig. 21). La *Cidarie de l'épine-vinette*, 25 à 27 mill. Au repos, cette chenille a une attitude assez bizarre ; elle replie sa moitié antérieure sur la postérieure, comme si elle avait une charnière au milieu du corps. Le papillon est d'un gris cendré lavé de roussâtre, avec les supérieures traversées par trois bandes étroites d'un brun noir, la 1re et la 2e flexueuses, bordées de lignes noires et séparées par plusieurs lignes noires, avec un trait noir, oblique à l'angle du sommet. Inférieures traversées par des lignes ondulées, d'un gris plus foncé. ♀ semblable. C'est en avril et en juillet que l'on trouve cette phalène dans les parcs, les bois et les jardins, où elle n'est souvent pas rare. La chenille d'une autre espèce de ce genre, A. *Badiata*, FF. 5, 410 (Pl. XXI, fig. 22). La *Cidarie baie*, 30 à 32 mill. Vit en juillet sur plusieurs espèces d'églantiers et sur l'aubépine. Le papillon est assez joli et se trouve en mars et avril, puis en juillet, dans les bois et les jardins; mais il n'est pas commun.

Le G. **Camptogramma** se compose d'espèces dont les ailes sont larges, à lignes nombreuses et très fines; l'espace médian presque toujours de la même couleur, le point cellulaire très petit, les antennes simples et pubescentes, chez les mâles. Ces espèces volent pendant le jour. Chenilles aplaties en dessous, non atténuées, à lignes distinctes, à tête petite et globuleuse, vivant sur les plantes basses. Chrysalides enterrées. — C. *Bilineata*, FF. 5, 423 (Pl. XXI, fig. 23). La *Larentie double ligne*, 25 à 27 mill. Ailes jaunes à dessins communs, traversées par un grand nombre de lignes brunes et ondulées, quelques-unes bordées par une fine ligne blanche, l'intervalle entre les deux lignes médianes parfois teinté de brun. ♀ semblable, mais ordinairement plus grande et plus chargée de brun dans le milieu. Chenille en avril dans les champs de graminées; se cache sous les pierres pendant le jour. Papillon commun dans les bois, les prairies et les jardins pendant tout l'été.

Le G. **Cidaria** a les antennes filiformes, parfois grenues, les palpes disposés en bec plus ou moins allongé, les ailes lisses veloutées ou soyeuses, à franges entrecoupées, les supérieures avec l'angle du sommet aigu, ordinairement marqué par un trait oblique; les inférieures plus courtes, arrondies, n'ayant pas le même dessin que les supérieures. Chenilles allongées, lisses, minces, raides, à tête grosse, vivant sur les arbres et les arbrisseaux. Chrysalides enterrées, ou dans un léger tissu entre les feuilles. — *C. Picata*, FF. 5, 449 (Pl. XXI, fig. 24). Le *Pic-vert*, 28 mill. Les ailes supérieures sont larges, avec tout l'espace depuis la base de l'aile jusque vers son milieu d'un vert olive foncé et traversé par plusieurs lignes ondulées, d'un brun noir. L'espace terminal est d'un jaune olivâtre maculé de taches noirâtres et coupé vers le sommet par une tache blanche et oblique. Inférieures d'un blanc sale, avec beaucoup de lignes grises et ondulées. ♀ semblable. Chenille en octobre sur le prunellier et l'aubépine. Papillon depuis mai jusqu'en août dans les grands bois et les chemins ombragés. Peu commun. — *C. Prunata*, FF. 5, 458 (Pl. XXI, fig. 25). La *Phalène du prunier*, 36 mill. Ses ailes supérieures sont un peu aiguës au sommet, avec la base et l'espace médian d'un noir violâtre ; ces deux espaces sont séparés par une bandelette blanche, ombragée de brun roux dans son milieu, courbe et très anguleuse des deux côtés ; une seconde bandelette blanche se voit aussi vers l'extrémité de l'aile et elle est également irrégulière ; la partie foncée de l'aile est traversée par plusieurs lignes noires. Inférieures d'un blanc teinté de jaunâtre à la base et au bord terminal, traversées par plusieurs lignes ondulées, brunâtres et bordées de clair. Chenille en mai et juin sur le prunier, l'aubépine et le groseillier épineux. Papillon en juin, juillet et août, dans les bois et les jardins. Pas rare.

Dans le G. **Eubolia** les antennes du mâle sont pubescentes ou pectinées; les ailes sont larges, pulvérulentes ; les supérieures à lignes très marquées. L'abdomen est terminé carrément chez les mâles et en pointe aiguë chez les femelles. Les chenilles sont allongées, cylindriques, avec des petits tubercules surmontés de petits poils; elles vivent sur les plantes basses et leurs chrysalides sont enterrées. -- *E. Plumbaria*, FF. 5, 473 (Pl. XXI, fig. 26). La *Plombée*, 25 à 30 mill. Rien n'est plus commun que cette espèce, depuis mai jusqu'en août, dans tous les bois, les bruyères, les champs de genêts, etc. Ses ailes supérieures sont d'un gris plombé et traversées par deux lignes d'un brun ferrugineux, bordées de blanchâtre extérieurement, avec un point noir dans leur intervalle ; ces deux lignes sont presque droites. Un trait oblique errugineux partage l'angle du sommet. Inférieures d'un gris pâle, traversées par une ligne médiane brune bordée de blanchâtre. ♀ semblable. Chenille en avril et juin sur les genêts. — *E. Bipunctaria*, FF. 5, 476 (Pl. XXI, fig. 27). La *Biponctuée*, 32 à 35 mill. Ailes supérieures variant du gris blanchâtre, au gris cendré légèrement bleuâtre, traversées par un grand nombre de lignes ondulées, disposées deux par deux, d'un gris foncé et nuancé de roussâtre, celles du milieu de l'aile formant deux bandelettes plus foncées, entre lesquelles on voit deux points noirs superposés, ce qui caractérise principalement cette espèce. Inférieures d'un gris obscur avec quelques lignes ondulées, peu marquées. Chenille en juin sur le trèfle des prés et sur l'ivraie vivace. Papillon en juillet et août dans les terrains secs et pierreux, les bruyères. Pas rare.

Le **G. Anaitis** a les antennes longues et filiformes dans les deux sexes ; les ailes oblongues et un peu lan-

céolées, les supérieures aiguës au sommet; au repos les
supérieures recouvrent en entier les inférieures. Les
chenilles sont courtes, rigides, plissées transversalement,
à tête petite et globuleuse, vivant au sommet des millepertuis. Les papillons se cachent dans les hautes herbes,
d'où on les fait partir en marchant; ils battent plusieurs
fois des ailes avant de rentrer dans l'immobilité. — A.
Plagiata, FF. 5, 481 (Pl. XXI, fig. 28). La *Triple ligne*,
38 à 42 mill. Ailes supérieures d'un gris cendré, traversées
par cinq bandes ou faisceaux, composées chacune de trois
lignes ondulées d'un brun noir ; trois de ces bandes
beaucoup mieux marquées que les autres. Inférieures
d'un blanc roussâtre luisant, plus clair sur le disque. ♀ à
dessins mieux marqués et à ailes inférieures plus foncées.
Chenille en mai et juillet au sommet et parmi les fleurs
du millepertuis perforé ; tombe à terre au moindre choc.
Le papillon est commun partout dans les bois secs, en
juin, août et septembre.

Le G. **Tanagra** ne se compose que d'une seule espèce
dont les ailes sont larges, mates, unicolores, relevées au
repos comme chez les diurnes. La chenille est effilée,
grêle, veloutée, sans lignes ni points. Elle vit en mai et
juillet sur le cerfeuil sylvestre, et le papillon est commun
dans les lieux herbus de toutes les montagnes, en juin et
juillet. Le mâle vole en plein soleil sur les fleurs. — *T.
Atrata*, FF. 5, 490 (Pl. XXI, fig, 29). La *Tanagre du cerfeuil*, 25 à 28 mill. Les quatre ailes sont entièrement d'un
noir mat, tant en dessus qu'en dessous, à l'exception de
la frange qui est blanche à l'angle du sommet des supérieures.

Les petits papillons dont il nous reste à nous occuper sont connus sous le nom de **Microlépidoptères**, leur nombre est si considérable que chaque jour amène la découverte de plusieurs espèces nouvelles. Les limites de cet ouvrage ne nous permettant pas de les décrire, nous nous bornerons à signaler les familles les plus connues ainsi que les espèces que l'on rencontre le plus fréquemment.

Pyralites.

Les Pyrales ont les antennes longues, minces, filiformes, avec les palpes disposés en bec, l'abdomen long, luisant, conique et aigu dans les mâles, les pattes grêles, longues, lisses, les ailes luisantes, souvent irisées, jamais relevées dans le repos ni roulées autour du corps, marquées de lignes dont les deux médianes constantes. Les chenilles sont épaisses, à anneaux renflés, atténuées aux deux extrémités, lisses, luisantes, à 16 pattes, à tête petite, à écusson corné, vivant renfermées, tantôt dans les substances animales, tantôt sous les mousses, tantôt entre les feuilles des végétaux qu'elles lient avec de la soie, quelques-unes dans l'eau. Chrysalides dans des coques fêlées dans les milieux où les chenilles ont vécu. Comme les *Géomètres*, les *Pyrales* volent au crépuscule autour des plantes, des buissons et des lumières; pendant le jour elles dorment sous les feuilles, les ailes étendues et l'abdomen relevé; quelques-unes se posent à terre en croisant les ailes l'une sur l'autre; d'autres s'accrochent aux tiges des plantes aquatiques.

La **Pyrali s** *farinalis*, FF. 6, 43 (Pl. XXII, fig. 1). L'*A-sopie de la farine*, 22 à 25 mill. A l'espace médian des ailes supérieures d'un testacé jaunâtre, les espaces basilaires et terminal d'un brun rougeâtre et deux lignes transversales blanches et écartées, avec un point cellulaire peu marqué. Inférieures d'un blanc sale plus ou moins teinté de noirâtre, selon le sexe, traversées par deux lignes claires, sinueuses et une série terminale de taches noires. Abdomen très relevé dans le repos. Chenilles dans le son et probablement dans les plantes sèches, en mai. Papillon de juin en août, dans les appartements, fixé contre les murs et les plafonds.

Le G. **Aglossa** est remarquable par les mœurs de ses chenilles, lesquelles, par la disposition particulière de leurs organes respiratoires, peuvent vivre dans les matières grasses qui sont comme on le sait une cause de mort pour les autres chenilles, dont elles obstruent la respiration. — A. *Pinguinalis*, FF. 6, 49 (Pl. XXII, fig. 2). La *Pyrale de la graisse*, 25 à 30 mill. Ailes supérieures d'un gris jaunâtre, luisant, finement saupoudré d'atomes noirâtres, traversées par deux lignes jaunâtres bordées de noir et plus ou moins bien marquées. Inférieures plus claires et également luisantes. Papillons pendant toute la belle saison dans les cuisines et dans les lieux sombres et malpropres. — La *Cuprealis*, FF. 6, 50 (Pl. XXII, fig. 3). La *Cuivrée*, 22 à 30 mill. A les mêmes mœurs et se trouve dans les mêmes lieux et à la même époque.

Dans le G. **Cledeobia** les antennes des mâles sont pectinées; les palples plus longs que le corselet, séparés et légèrement arqués en dessous; les ailes supérieures sont longues, étroites, couvrant en entier les inférieures dans le repos et formant un triangle allongé. Les papillons aiment les lieux chauds, sablonneux et herbus ; le soir ils volent avec rapidité autour des lumières.— *C. Angustalis*, FF. 6, 61 (Pl. XXII, fig. 4). L'*Etroite*, **22** à **25** mill. Ailes supérieures étroites, un peu creusées à la côte qui est coupée par de petits traits blancs; leur couleur varie du roux isabelle au brun marron et au brun rouge avec une ligne vague, large, plus claire que le fond ; le milieu de l'aile souvent plus foncé que le bord. Inférieures tantôt grises, tantôt d'un gris noirâtre. ♀ plus petite à ailes plus courtes et plus étroites. Chenilles en avril et mai sous les pierres, dans des galeries formées de grains de sable et de soie. Papillons en juin et juillet. Commun.

Le G. **Pyrausta** renferme de jolis petits papillons à ailes agréablement colorées : les supérieures avec des traits et des taches jaunes, les inférieures avec une bande médiane également jaune. Ils volent à l'ardeur du soleil. — *P. Purpuralis*, FF. 6, 78 (Pl. XXII, fig. 5). La *Pourprée*, **15** à **17** mill. Ainsi que nous venons de le dire, c'est dans les belles journées et pendant l'été que l'on voit voler dans les prairies cette jolie petite espèce ; son vol est peu soutenu et n'est jamais élevé; ses ailes supérieures sont d'un rouge pourpre ou d'un brun pourpré, avec trois petites taches formant une ligne à la base, puis une bande maculaire traversant l'aile et composée de trois taches, la 3e allongée et dentée ; toutes ces taches d'un jaune orangé. Inférieures noires, avec une bande arquée jaune, une petite tache sur le disque et deux traits longeant le bord abdominal, de cette même couleur.

♀ semblable. Chenilles en juin et juillet sur les menthes et sur l'origan. Très commun.

Les espèces du G. **Ennychia** ont les mêmes mœurs que celle du genre précédent ; mais elles s'en distinguent par leur couleur qui est noire, avec des taches et des lignes blanches. — *E. Octomaculata*, FF. 6, 95 (Pl. XXII, fig. 6). L'*Ennychie à huit taches*, 18 à 20 mill. Ailes noires, luisantes, avec deux taches blanches arrondies sur chacune d'elles. Abdomen zoné de blanc. Vole de mai en juillet, au soleil, dans les terrains secs et herbus, les bruyères. — *E. Cingulata*, FF. 6, 92 (Pl. XXII, fig. 7). La *Zone blanche*, 16 à 18 mill. A également les ailes noires et luisantes, mais les taches sont remplacées par une ligne blanche, commune, placée au milieu des ailes, un peu ternie sur les supérieures et arquées sur les inférieures. Chenilles en juin et août sous les feuilles radicales de la sauge des prés. Papillons en mai et juillet dans les mêmes lieux que le précédent.

Le G. **Catoclysta** mérite de fixer notre attention par les mœurs remarquables de sa chenille; elle a 16 pattes, est allongée, d'un brun olivâtre, avec la tête petite d'un blanc jaunâtre. Elle vit en avril immergée sous les feuilles de la lentille d'eau, dans un fourreau de soie blanche recouvert des feuilles de la plante qui la nourrit et qu'elle traîne partout avec elle. Ce fourreau contient assez d'air pour permettre à la chenille de respirer et au moment de sa transformation elle l'attache à quelqu'objet, en ayant soin qu'un des bouts soit hors de l'eau afin de favoriser la sortie du papillon. Celui-ci est blanc avec les supérieures traversées par plusieurs petits linéaments d'un brun jaunâtre, souvent à peine visibles. Inférieures à linéaments mieux marqués, un point cellulaire et une bordure étroite brune, occupée au milieu par une bandelette très noire, ornée de quatre petits points d'un blanc argenté. ♀ plus grande, à ailes supérieures d'un brun jaunâtre pâle et les inférieures avec une tache médiane grise en forme de 8 et la bordure du mâle. Il est commun au bord des ruisseaux, des étangs et des mares en juin et juillet. C'est le *C. Lemnata*, FF. 6, 114 (Pl. XXII, fig. 8). L'*Hydrocampe de la lentille d'eau*, 18 mill.

Le G. **Hydrocampa** diffère peu du précédent ; les chenilles épaisses, aplaties sous le ventre, à tête petite, vivant sous les feuilles des *nymphéacées* dans un sac siliqueux formé par deux morceaux de feuilles collées par leurs bords. Chrysalides renfermées dans ces fourreaux. — *H. Nymphæata*, FF. 6, 118 (Pl. XXII, fig. 9). La *Phalène du nénuphar*, 22 mill. Ailes supérieures d'un brun jaunâtre clair avec beaucoup de taches d'un blanc nacré, dont trois principales arrondies, liserées de brun, et sept plus petites et de différentes grandeurs. Inférieures blanches avec une double ligne à la base, une tache cellulaire et une ligne flexueuse suivie d'une bande d'un brun jaunâtre. ♀ beaucoup plus grande. Chenille en avril et mai, sous les feuilles du nénuphar et du potamogeton. Papillon commun sur le bord des ruisseaux et des étangs, depuis juin jusqu'en septembre.

Le G. **Botys** a les antennes cylindriques, filiformes, simples, pubescentes, quelquefois pectinées. Les palpes sont tantôt droits et formant le bec, tantôt ascendants et plaqués contre le front. Les ailes sont entières, concolores, soyeuses, luisantes, à franges non entrecoupées, à lignes médianes assez distinctes, la dernière se prolongeant sur les inférieures. Ce genre est très nombreux en espèces, mais leurs mœurs ne varient pas beaucoup ; les papillons volent au crépuscule autour des buissons ou des plantes qui ont nourri leurs chenilles, ainsi que le soir autour des lumières. C'est en battant les buissons et les hautes herbes que l'on peut se les procurer facilement. Les chenilles sont vives, atténuées aux extrémités, luisantes, demi-transparentes, à tubercules luisants et surmontés de poils distincts, à tête petite et à plaques cornées et luisantes. Elles vivent renfermées dans des feuilles roulées en cylindre ou en cornet, et leurs chrysalides sont renfermées dans des coques légères entre des feuilles ou dans des interstices. — *B. Repandalis*, FF. 6, 126 (Pl. XXII, fig. 10). La *Pâle*, 25 mill. C'est en automne que l'on trouve la chenille de cette espèce sur les tiges du bouillon blanc qu'elle enveloppe de fils et dont elle mange les fleurs et les graines ; elle est d'un blanc d'os et vit en petite famille. Le papillon est d'un blanc légèrement jaunâtre ; les supérieures sont étroites et traversées par trois lignes d'un brun roussâtre. Inférieures un peu plus claires avec une seule ligne deux fois courbe et peu marquée. ♀ plus grande. Commun en juin et juillet. — *B. Ruralis*, FF. 6, 133 (Pl. XXII, fig. 11). Le *Vertical*, 32 à 35 mill. Ailes d'un blanc d'os luisant, à légers reflets chatoyants, les supérieures traversées par deux lignes grises, épaisses, dentées, la première oblique, la seconde très écartée par en haut et formant un coude sous la tache réniforme à laquelle elle se joint par une ombre vague. Inférieures avec une ligne grise en M grossier dans son milieu. Chenille en mai sur la grande ortie, dans une feuille roulée en cornet ouvert à ses extrémités.

Le papillon est très commun le soir autour des orties en juin et juillet. — *B. Urticata*, FF. 6,140 (Pl. XXII, fig. 12). La *Queue jaune*, 28 à 30 mill. Ailes larges, d'un blanc satiné avec des taches noires ; les supérieures avec la base teintée de jaune orangé, un trait et trois taches arrondies à la base, un gros point cellulaire touchant la côte qui est également noire, une bande courbe formée de taches ovales. Ces deux bandes se continuant sur les inférieures. Abdomen noirâtre avec son extrémité et le bord de chaque anneau d'un jaune orangé. Chenille depuis avril jusqu'en septembre sur les orties dans une feuille roulée en cornet. Le papillon est commun en mai, juin et juillet.

Le G. **Pionea** a les ailes larges ; les supérieures aiguës et souvent en faucille à l'angle apical; les deux lignes ordinaires presque parallèles, la seconde sans sinus. Les antennes sont courtes, glabres ou à peine pubescentes, l'abdomen effilé, dépassant un peu les ailes. Les chenilles sont épaisses, en fuseau, à tête petite et vivent sur les crucifères, tantôt entre les feuilles et tantôt dans une toile filée entre les tiges. Les papillons volent au crépuscule dans les lieux frais et humides. — *P. Forficalis*, FF. 6, 151 (Pl. XXII, fig. 13). Le *Fourchu*, 26 à 28 mill. Ailes supérieures d'un blanc jaunâtre finement strié de brun dans le sens des nervures, traversées par plusieurs lignes obliques, parallèles, partant du sommet et aboutissant au milieu du bord interne. Cette espèce varie beaucoup, tant pour la taille que pour la couleur qui est quelquefois brune sur les ailes supérieures. Sa chenille est souvent un vrai fléau pour les choux et nos potagers. Elle vit ordinairement cachée entre deux feuilles ou dans un repli au bord des feuilles. Papillon en juillet et août. Commun partout.

Crambidæ.

Le G. **Crambus** est très nombreux en espèces ; celles-ci se reconnaissent à leurs ailes supérieures étroites, allongées, souvent ornées de taches métalliques ; les inférieures bien développées, plissées en éventail, et entièrement recouvertes par les supérieures ; au repos les quatre enroulées autour du corps. Antennes simples dans les deux sexes, celles des femelles sont ordinairement plus petites. Chenilles vermiformes, de couleur livide, à 14 pattes, vivant et se métamorphosant dans les racines des mousses et des graminées, dans de longues galeries tapissées de soie. Elles habitent les bois, les prairies sèches ou humides, ainsi que les contrées montagneuses. Les papillons ont le vol court et ils se posent volontiers sur les tiges des graminées, dans le sens de la longueur et ordinairement la tête en bas. — *C. Pascuellus*, FF. 6,237 (Pl. XXII, fig. 14). Le *Crambus des pâturages*, 22 à 25 mill. Ailes supérieures d'un fauve doré plus ou moins clair, traversées longitudinalement par une bande d'argent terminée en pyramide et nettement bordée de brun ; cette bande est prolongée par une tache également d'argent, mais non bordée de brun et ne dépassant pas la ligne terminale, qui est brune, fine, bordée d'argent. Le triangle formé par cette ligne au sommet de l'aile est blanc, orné d'une tache triangulaire, suivie d'une tache virgulaire d'argent.

Inférieures d'un blanc plus ou moins pur. ♀ semblable. Cette jolie espèce est commune de mai en juillet dans les prairies et les lieux herbus. — *C. Pratellus*, FF. 6, 242 (Pl. XXII, fig. 15). Le *Crambus des prés*, 20 à 22 mill. Cette espèce se distingue de la précédente par sa taille plus petite; par sa bande longitudinale d'argent, très étroite, terminée en biseau très aigu et bifurquée vers le milieu de sa longueur, et inférieurement par un trait court et oblique. La frange est brune et précédée d'une ligne d'argent brillant ainsi que de quatre petits points noirs. ♀ à ailes supérieures d'un fauve pâle, souvent blanchâtre et avec les mêmes dessins que le ♂. Elle vole abondamment dans les prairies et les lieux herbus, de mai en juillet.— *C. Chrysonuchellus*, FF. 6, 247 (Pl. XXII, fig. 16). Le *Crambus des champs*, **25** mill. Ce *Crambus* est également commun dans les bois et les lieux secs, aux mêmes époques que les précédents ; il en diffère, d'abord par ses ailes supérieures qui sont coupées carrément au bord terminal, et ensuite par sa couleur qui est d'un blanc jaunâtre, avec les nervures épaisses, d'un brun doré, et saupoudrée d'atomes noirs ; elles sont en outre traversées par deux lignes d'un brun ferrugineux ; la première large, la seconde fine, coudée vers le sommet de l'aile et bordée de blanc jaunâtre extérieurement. Frange d'un bronzé brillant, inférieures d'un gris fuligineux. ♀ semblable. — *C. Culmellus*, FF. 6, 265 (Pl. XXII, fig. 17). Le *Crambus des chaumes*, **18** à **20** mill. Aussi répandu que le précédent de juin en août dans les champs et les prairies. Ailes supérieures peu allongées, coupées presque carrément au bord externe, d'un jaune paille légèrement doré, avec les nervures couvertes d'écailles brunes, et la frange d'un bronzé brillant, précédée d'une série de petits points noirs. Inférieures d'un gris cendré avec la frange jaunâtre. ♀ semblable. — *C. Perlellus*, FF. 6, 273 (Pl. XXII, fig. 18). Le *Crambus perle*, 25 à 27 mill. Ailes supérieures allongées, entièrement d'un blanc brillant ou nacré, avec le dessous noirâtre. Inférieures d'un blanc légèrement lavé de gris. ♀ à ailes plus étroites et plus allongées au sommet. Assez commun dans les prairies en juin et juillet.

Phycideæ.

.Les papillons de cette tribu ressemblent beaucoup aux *Crambus* par le port de leurs ailes, mais ils en diffèrent par la manière dont ils portent leurs antennes dans le repos ; ils ne les cachent pas sous leurs ailes comme les *Crambus*, mais les tiennent couchées en arrière au-dessus du dos. Ces antennes, plus courtes que le corps, ne sont ni dentées ni pectinées, fortes à leur origine et se terminent en pointe fine ; leur premier article est souvent noduleux, très distinct de la tige qui, après cet article, forme une courbe dont la concavité est souvent remplie par une petite crête formée de poils ou d'écailles.

Les ailes supérieures des *Phycides* sont ornées de couleurs assez variées, quoique peu brillantes et sans reflets métalliques ; ils volent très bien en plein jour, mais font rarement usage de leurs ailes ; pour se dérober à leurs ennemis, ils se glissent avec une grande rapidité entre les plantes qui leur servent de refuge. Les chenilles ont seize pattes, leurs nuances sont très variées ainsi que leur nourriture ; en général elles vivent cachées pendant le jour.

Dans le G. **Nephopteryx** les chenilles vivent sur les plantes ou sur les arbres, renfermées dans des tubes de soie, ou entre des feuilles liées. — *N. Argyrella*, FF. 6, 288 (Pl. XXII, fig. 19). La *Marcassite*, **25** à **27** mill. Cette jolie espèce a les ailes supérieures étroites et allongées, d'un vert métallique brillant, traversées par une ligne médiane et longitudinale argentée, sur laquelle on voit un petit point noir. Inférieures d'un gris clair légèrement teinté de cuivreux. ♀ semblable. Papillon en juillet et août sur les bruyères, dans les lieux chauds et sablonneux.

Le G. **Pempelia** a les antennes noduleuses à leur base ; les ailes supérieures allongées, plissées sur les nervures, à lignes très écartées, la première portant 'des écailles noires relevées. Chenille vivant tantôt dans des feuilles roulées, tantôt dans des galeries creusées dans les tiges des végétaux et tantôt dans leurs fruits. — *P. Semirubella*, FF. 6, 291 (Pl. XXII, fig. 20). L'*Incarnat*. Ailes supérieures d'un rose carminé plus ou moins vif, avec le bord interne d'un jaune pâle. Inférieures d'un gris jaunâtre avec un reflet rosé. Indépendamment du type que nous venons de décrire, il y a la variété *Sanguinella*, qui en diffère par une bande costale blanchâtre ou d'un jaune pâle. Chenille en mai, sur le sol dans une toile légère, vivant de racines de graminées. Le papillon et sa variété sont également communs de juin en septembre dans les lieux incultes, les prairies, les champs de trèfle et de luzerne. — *P. Ornatella*, FF. 6, 303 (Pl. XXII, fig. 21). L'*Ornée*, **20** à **23** mill. Cette espèce n'est pas rare en juin et juillet dans les lieux herbus et chauds, sur la bruyère et le serpolet. Ses ailes supérieures sont d'un brun rougeâtre saupoudré d'atomes blanchâtres le long de la côte et sur les nervures médianes; elles sont en outre traversées par une ligne blanche, un peu sinuée et parallèle au bord externe. Sur l'espace médian on voit au bout de la cellule deux points noirs superposés, entourés de blanc de manière à imiter un petit 8 ou un petit X. Les nervures médianes sont également ornées de deux autres points noirs; la frange est divisée par deux lignes brunes, et précédée par une série de points placés sur une bandelette blanchâtre. Inférieure sd'un gris brunâtre avec la frange plus claire.

Le G. **Acrobasis** a les antennes un peu ciliées, avec une dent au premier article; les ailes supérieures larges, luisantes, un peu carrées, à pointes cellulaires et lignés bien marquées; la première portant des écailles plus ou moins élevées. Chenille sur les arbres et arbustes, dans des feuilles roulées et liées avec de la soie. — *A. Consociella*, FF. 6, 329 (Pl. XXII, fig. 22). L'*Associée*, 16 à 20 mill. Ailes supérieures d'un gris violâtre ou bleuâtre, avec deux lignes transverses blanches; entre ces deux lignes on voit une partie grise sur laquelle sont les deux points noirs ordinaires. L'espace basilaire est également d'un gris blanchâtre. Inférieures d'un gris roussâtre. ♀ semblable. Chenille en mai sur le chêne, dans un tube de soie entre les feuilles. Chrysalide en terre. Papillon en juillet-août, dans les bois sur les bruyères. — *A. Tumidella*, FF. 6, 327 (Pl. XXII, fig. 23). L'*Enflée*, 18 à 20 mill. Très voisine et se confondant facilement avec la précédente, dont elle se distingue cependant facilement par son espace basilaire, qui est d'un brun-rouge et non d'un gris blanchâtre. La chenille et le papillon se trouvent dans les mêmes conditions que *Consociella*.

Le G. **Myelois** a les antennes sétacées, non arquées et simples dans les deux sexes ; les ailes supérieures assez larges, un peu carrées, à pointes cellulaires bien marquées ; la première avec des écailles plus ou moins élevées. Chenille sur les arbustes et les plantes, entre des feuilles liées avec de la soie. — *M. Cribrum*, FF. 6, 330 (Pl. XXII, fig. 24). Le *Tamis*, 28 à 32 mill. Ailes supérieures d'un blanc pur et légèrement luisant, avec vingt-quatre points noirs disposés ainsi qu'il suit : 1, 2, 1, 2, 6 ou 7. Ces derniers forment une ligne transverse et ondulée. Inférieures d'un blanc plus ou moins plombé, avec la frange précédée d'une ligne plus foncée. Chenille depuis juillet jusqu'en avril, dans la tige des grands chardons, dont elle ronge la moelle. Vers la fin d'avril elle se chrysalide dans la tige où elle vécut, près d'une ouverture ménagée pour la sortie du papillon. C'est au commencement de ce mois qu'il faut couper et emporter les tiges de ces plantes, car le papillon éclot en juin et juillet.

Le G. **Ephestia** a les antennes fines et minces, les ailes supérieures très étroites, à lignes écartées, à double point cellulaire. Chenille vivant de matières végétales desséchées ou manufacturées. — *E. Elutella*, FF. 6, 355 (Pl. XXII, fig. 25). L'*Effacée*, 16 à 18 mill. C'est dans l'intérieur des maisons que l'on trouve, souvent abondamment cette petite espèce, dont la chenille vit de pain, de fruits secs et au dépens des collections d'histoire naturelle, surtout celles d'insectes. Ses ailes supérieures sont étroites, allongées, d'un gris cendré plus ou moins saupoudré de brunâtre ; elles sont traversées par deux lignes plus claires, bordées de noirâtre : la première droite, la deuxième sinuée et rapprochée du bord externe. Ces deux lignes souvent peu distinctes ainsi que les deux points du disque. Inférieures d'un gris clair et luisant. ♀ semblable. Commun en juin et juillet.

Les chenilles du G. **Galleria** sont des ennemis domestiques assez redoutables ; les papillons s'introduisent dans l'intérieur des ruches à miel et déposent leurs œufs sur les rayons fabriqués par les abeilles. Aussitôt écloses les jeunes chenilles pénètrent dans les cellules, y tracent de longues galeries et se nourrissent de leur cire. Dans cette retraite elles ne redoutent pas la piqûre des abeilles et y subissent toutes leurs métamorphoses. Ces chenilles sont souvent en si grand nombre dans une ruche qu'elles détruisent tous les rayons et forcent souvent les abeilles à l'abandonner. D'une manière ou de l'autre, la ruche est également perdue pour l'agriculteur. — *G. Mellonella*, FF. 6, 366 (Pl. XXII, fig. 26). La *Teigne du miel*, **20 à 30** mill. Ailes supérieures très échancrées au bord externe, d'un brun cendré ou jaunâtre, avec des stries longitudinales et maculaires d'un brun pourpré le long du bord interne. Inférieures d'un gris brunâtre plus clair vers la base et le bord abdominal. ♀ plus grande, les ailes supérieures plus allongées et peu ou point échancrées au bord externe. Chenille dans les ruches où elle se nourrit de la cire et non du miel. Papillon en mai, puis en juillet et août, dans le voisinage des ruches. — La chenille de la *G. Grisella*, FF. 6, 372 (Pl. XXII, fig. 27). La *Galerie des alvéoles*, **18 à 20** mill. A les mêmes mœurs que la précédente ; mais à défaut de cire elle attaque diverses matières animales, et il est souvent fort difficile de se débarrasser d'elle lorsqu'elle s'est introduite dans une habitation, Le papillon a 18 à 20 mill. Ses ailes supérieures sont étroites, allongées au sommet, d'un gris roussâtre luisant, sans lignes ni points. Inférieures plus claires. Mêmes localités que le précédent en avril-mai, puis en juillet-août, mais plus abondant dans le Midi que dans le Nord.

Microlépidoptères.

On donne ce nom à de petits papillons dont la taille varie de 5 à 15 mill. Le nombre des espèces est considérable, et l'on est loin de connaître toutes celles de notre pays, car tous les jours ou découvre de nouvelles espèces, même aux environs de Paris. On les connaît généralement et vulgairement sous le nom de *Teignes*, quoique ce nom ne doive s'appliquer qu'à un certain nombre d'entre elles. Ce sont du reste les espèces de ce groupe qui causent les plus grands ravages dans nos habitations et nos champs en rongeant nos étoffes, nos pelleteries, nos graines, nos vignes, etc. Leurs mœurs varient à l'infini, et nous en parlerons en traitant les principaux genres, car on comprend bien que la nature de cet ouvrage ne nous permet pas d'y consacrer beaucoup d'espace.

Ces petits papillons ont été négligés pendant bien longtemps, soit par la difficulté de les capturer, soit par celle de les piquer, de les étaler et de les conserver. Nous pouvons cependant affirmer à nos jeunes lecteurs, que toutes ces opérations sont aussi faciles à pratiquer avec les plus petites espèces, qu'avec n'importe quelle espèce de diurnes ou de noctuelles ; nous les engageons à consulter à ce sujet le *Guide de l'Amateur d'insectes* ainsi que le *Guide de l'Eleveur de chenilles*, publiés par M. Deyrolle ; ils y trouveront les indications nécessaires pour arriver à un résultat qui les récompensera de leurs peines (s'il y en a) ; car, ainsi que l'a dit Duponchel, ces petits papillons sont les colibris et les oiseaux-mouches des lépidoptères.

Nous allons cependant décrire quelques espèces des plus répandues ou des plus nuisibles.

Ce complément terminera, quoique d'une façon très abrégée, notre étude sur les lépidoptères de France, et nous espérons qu'après avoir décrit d'abord les espèces diurnes les plus connues des commençants, pour arriver à étudier ensuite les plus petites, nous espérons, disons-nous, que l'intérêt se soutiendra, si même au contraire il ne s'accroît.

Tinéidaæ.

Chenilles à seize pattes ordinairement verminformes, avec une plaque écailleuse sur le premier anneau ; glabres ou avec quelques poils rares placés sur de petits points verruqueux.

Papillons avec les ailes entières. Supérieures ordinairement étroites ; inférieures plus étroites et frangées. Antennes presque toujours simples dans les deux sexes. Trompe rudimentaire ou nulle. Palpes inférieurs bien développés, et pattes postérieures, longues et armées de longs ergots.

G. Tinea. Tête très velue ; abdomen cylindrique s›

terminant par un bouquet de poils chez les mâles ou en
pointe chez les femelles. Ailes supérieures longues ; inférieures en ellipse et frangées. *T. Tapezella*, la *Teigne des
tapisseries* (Pl. XXII, fig. 28), 15 mill. Ailes supérieures
brunes de la base au milieu, le restant blanc jaunâtre,
semé d'atomes gris ; séparation des deux teintes, oblique.
Extrémité des supérieures ornée de quelques points noirs.
Inférieures et dessous des quatre ailes, de nuance grise.
Tête blanche. — *T. Pellionella*, la *Teigne des pelleteries*
(Pl. XXII, fig. 29), 15 mill. Ailes supérieures roussâtres
ainsi que la frange, ornée de deux ou trois points noirs ; les
inférieures d'un roux grisâtre passant au gris, teinte du
dessous des ailes supérieures. La chenille de la *T. Tapezella* en forme de ver, translucide, fait de grands ravages
dans les étoffes de laine qu'elle ronge ; celle de la *T. Pellionella*, d'un blanc plus jaunâtre que la précédente, s'attaque
aux fourrures qu'elle ronge tant pour se nourrir que pour
tracer sa route ; les ravages qu'elles causent toutes deux sont
considérables et se chiffrent par des sommes importantes.

G. **Palpula**. Les palpes inférieurs longs et épais
sont munis à leur sommet d'un troisième article formant
une pointe fine. Trompe visible. Ailes supérieures lancéolées, les inférieures plus petites, de même forme, plus
largement frangées. — *P. Ericella*, la *Palpule des bruyères*
(Pl. XXII, fig. 30), 12 mill. Ailes supérieures d'un gris
blanchâtre avec la côte bordée de blanc et longée d'une
petite bande brune bordée elle-même de blanc. Un point
noir au milieu de l'aile. Les inférieurs grises avec une
frange plus clair.

G. **Anacampsis**. Palpes inférieurs arqués et relevés
au-dessus de la tête. Trompe nulle ; corselet carré, abdo-

men plat. Chenilles ayant le premier anneau chargé d'un écusson corné, se métamorphosant dans des feuilles roulées ou réunies par des fils. — *A. Populella*, l'*Anacampsis du peuplier* (Pl. XXII, fig. 31), 18 à 20 mill. Espèce variable pour la couleur; les trois premiers anneaux de l'abdomen, fauves, les autres bruns. Ailes supérieures noires semées d'atomes gris surtout vers la côte et l'extrémité, traversées par une raie blanchâtre avec deux points noirs; une série de points le long de la frange. Les inférieures d'un gris brun tirant sur le verdâtre.

G. Adela. Trompe longue. Antennes des mâles très longues, terminées par un fil; celles des femelles plus courtes, épaissies sur une grande partie de leur longueur par des écailles. Tête très velue. Chenilles se métamorphosant dans des fourreaux protégés par des morceaux étagés de feuilles. — *A. Degeerella*, l'*Adèle de Degeer*, (Pl. XXII, fig. 32), 20 à 21 mill. Ailes supérieures d'un fauve doré avec stries noires formant nervures; coupées par une bande jaune bordée par deux bandes bleues, limitées par une ligne noire; les inférieures gris pourpré. — *A. Reaumurella*, l'*Adèle de Réaumur* (Pl. XXII, fig. 33), 17 mill. Ailes supérieures d'un vert bronzé un peu doré vers la côte; les inférieures noir violacé avec la bordure dorée le long de la frange.

G. Œcophora. Trompe peu distincte; antennes filiformes dans les deux sexes; pattes postérieures longues. Ailes supérieures très allongées, elliptiques, ayant à leur extrémité interne une longue frange; les inférieures entièrement frangées en forme de lame de couteau. — *O. Pruniella*, l'*Œcophore du prunier* (Pl. XXII, fig. 34),

12 mill. Ailes supérieures d'un brun nuancé de couleur rouille, avec la côte plus claire, interrompue de stries et dessins blancs plus nombreux à l'extrémité ; le bord inférieur, blanc pur coupé par une bande brune. Ailes inférieures grises, la frange des quatre ailes également grise. (La figure est un peu grandie.)

G. **Elachista**. Ailes supérieures en ellipse, très allongées ; les inférieures presque linéaires. Longue frange au bord interne des supérieures ; les inférieures complètement frangées. Chenilles mineuses. — *E. Amyotella* (Pl. XXII, fig. 35). L'*Élachyste d'Amyot*, 6 mill. (La figure est au double de la grandeur.) Ailes supérieures d'un jaune roux doré ; coupées par deux chevrons blancs bordés de noir, dont la pointe est tournée vers l'extrémité. Vers la base, au bord inférieur de l'aile, une tache blanche. Ailes inférieures grises, et frange de même couleur.

G. **Ornix**. Les ailes supérieures plus longues et plus étroites que dans le genre précédent. Antennes filiformes, ornées à la base d'un pinceau de poils. Chenilles vivant et se métamorphosant dans des fourreaux portatifs. — *O. Struthiomipennella*. L'*Ornice plume d'autruche* (Pl. XXII, fig. 36), 17 mill. Ailes supérieures d'un blanc luisant, argenté ; inférieures gris cendré ; frange plus foncée.

G. **Gracillaria**. Quatre palpes ; les inférieurs recourbés au dessus de la tête qui est globuleuse. Abdomen des femelles terminé par une tarière. — Chenilles n'ayant que quatorze pattes. *G. Hilaripennella*, la *Gracillarie plume gaie*, (Pl. XXII, fig. 37), 13 mill. Ailes supérieures d'un violâtre purpurin coupées par une tache triangulaire couleur d'or vert ; frange jaune. Les inférieures grises avec la frange de même couleur, mais plus claire.

Pterophoridæ.

Les lépidoptères de cette tribu ont les quatre ailes divisées en forme de doigts, frangées, ce qui leur donne l'apparence de plumes.

G. **Pterophorus**. Jambes grêles armées de longs ergots. Ailes supérieures divisées en deux branches, les inférieures en trois. Chenilles velues, à seize pattes se suspendant en plein air pour se métamorphoser. — *P. pentadactylus* (Pl. XXII, fig. 38). Le *Ptérophore Pentadactyle*, 28 mill. Entièrement d'un blanc laiteux parfois semé d'atomes gris.

G. **Orneodes**. Jambes moins longues que dans le genre précédent. Chacune des quatre ailes divisée en six rayons barbus. Chenilles glabres se métamorphosant dans une coque. — *O. Hexadactylus* (Pl. XXII, fig. 39). L'*Ornédeos hexadactyle*, 9 à 10 mill. Ailes supérieures d'un roux grisâtre, coupées par deux bandes brunes bordées de blanc, la côte marquée de trois points noirs. Les inférieures coupées par trois lignes blanches ondulées, parallèles ; les nervures pointillées de noir. Le centre de l'extrémité de chacune des divisions des ailes marqué d'un point noir, à la façon des plumes du paon.

Papillons produisant la soie.

La soie est le fil que produisent certaines chenilles pour
construire le cocon dans lequel elles subissent leur
dernière métamorphose pour devenir papillons.

Parmi les espèces françaises, il n'en est aucune dont la
soie puisse être utilisée industriellement; on a donc dû
avoir recours à des papillons étrangers, d'Asie, pour pro-
duire ce fil si fin, si beau et si résistant, avec lequel on est
arrivé à fabriquer les plus belles étoffes.

Parmi les lépidoptères acclimatés en France, il en est
quelques-uns que tout le monde connaît ou devrait connaître. Le plus ancien en date, puisqu'il a été introduit
en Europe vers le vi^e siècle, est originaire de Chine; la
soie que donne son cocon en produit à elle seule pour plus
de trois millions de francs dans notre pays; aussi notre
industrie séricicole, frappée cruellement il y a quelques
années par la maladie du ver à soie, s'est-elle préoccupée
de la recherche de papillons qui puissent, sinon le rem-
placer, du moins fournir une matière analogue dont on
puisse fabriquer des produits similaires. L'entomologie a
prêté son concours en cette circonstance, et nos savants,
aidés par les recherches d'intelligents explorateurs des
contrées lointaines, ont fait connaître d'autres espèces
de lépidoptères qui sont actuellement acclimatées en
France et même naturalisées.

Tandis que le ver à soie proprement dit est élevé dans
des chambrées, à grand renfort de soins et de précautions,
les autres espèces en question peuvent s'élever à l'air

libre, et il n'est pas rare de voir voler dans les grandes villes, même en plein Paris, sur les boulevards, certains papillons originaires du Japon, et on voit pendre à certains arbres des mêmes boulevards, les cocons produits par leurs chenilles. Lorsque l'élevage de ces chenilles aura acquis un certain développement, il n'est pas douteux que le produit de cette éducation ne s'élève à un chiffre important, d'autant plus que l'usage de la soie s'est répandu d'une façon considérable depuis vingt-cinq ans.

Tous les papillons qui produisent la soie appartiennent au genre Bombyx. L'espèce connue sous le nom de ver à soie est le **Bombyx mori** qui est cultivé, en Chine surtout, depuis un temps immémorial. C'est un animal domestiqué, qu'une longue suite de générations élevées en captivité a profondément modifié. Il est probable qu'à l'état sauvage, le papillon est brun de même que la chenille ; Boisduval dit que le type primitif est le Bombyx-Hutoni qu'on trouve en Chine à l'état sauvage ; la domesticité a rendu le papillon blanc de même que la chenille : sur les ailes du premier on voit encore chez certains exemplaires des bandes d'un brun plus ou moins foncé (Pl. XXIII).

Les œufs du ver à soie éclosent au printemps, au moment où les feuilles des mûriers qui leur servent de nourriture commencent à pousser. Lorsque la chenille sort de l'œuf, elle est à peine longue de deux millimètres, et d'un brun foncé qui diminue d'intensité ; dès la première mue qui a lieu après quelques jours, elle est déjà presque blanche ; trente jours environ lui suffisent pour accomplir quatre mues ou changements de peau et atteindre toute sa taille qui varie de huit à douze centimètres, suivant les races et les soins dont elle a été entourée ; à ce moment la partie antérieure du corps devient presque transparente, elle cesse alors de manger et cherche un emplacement convenable pour filer son cocon.

Le ver à soie s'élève industriellement, dans certaines contrées méridionales de la France, dans des établissements spéciaux appelés magnaneries, et les gens occupés à cette industrie sont désignés sous le nom de magnans.

Les œufs récoltés l'année précédente sont mis au moment de l'éclosion dans des salles spéciales où on maintient une chaleur régulière d'environ dix-huit à vingt degrés ; au fur et à mesure que les petites chenilles sortent des œufs, on les place sur des feuilles de mûrier coupées par morceaux pour qu'elles puissent les entamer plus aisément. De cette façon on les classe aussi par date d'éclosion ; plusieurs fois par jour il faut renouveler cette nourriture, retirer les vieilles feuilles pour éviter la pourriture et la fermentation qui s'en suivrait. Avant chaque mue les chenilles deviennent immobiles ; elles sont alors fortement attachées aux feuilles par les pattes membraneuses, la partie antérieure du corps relevée ; elles attendent le moment de changer de peau, ce qui est toujours pour elles une opération critique. Beaucoup meurent à ce moment dans les éducations mal soignées ; la tête tombe d'abord et on en voit une plus grande en dessous, puis la chenille glisse peu à peu de sa peau et elle en sort enfin plus grosse à peine qu'elle n'était ; elle se met alors à manger avec voracité et grandit rapidement. Lorsqu'elle a passé quatre mues, elle dévore avec plus d'avidité que jamais, puis devient transparente et se met en quête d'un endroit propice pour construire son cocon ; c'est le moment désigné sous le nom de montée. On dispose de distance en distance des bouquets de branches de bouleau ou de bruyères, sortes de petits balais qui sont placés les branches libres en haut ; c'est entre ces brindilles que la chenille monte et dispose d'abord quelques fils qui sont comme l'échafaudage destiné à soutenir le cocon qu'elle filera au centre : deux ou trois jours lui suffisent pour cette opération.

Les glandes séricifères des papillons sont situées dans la partie antérieure du corps : ce sont deux sacs allongés qui sont pleins d'un liquide qui sort par les filières situées près de la bouche et durcit dès qu'il est à l'air. On vend dans le commerce, sous le nom de crin de Florence ou racine, ces glandes prises sur la chenille et étirées ; on s'en sert surtout pour établir les lignes à pêcher les petits poissons.

La chenille transformée en chrysalide dans le cocon, y reste seulement une quinzaine de jours, le papillon désagrège les fils, grâce à une secrétion particulière, les écarte avec ses pattes et sort avec les ailes molles et fripées ; peu à peu elles s'étendent et se durcissent. Arrivés à cette période de leur existence la plupart des papillons prennent leur essor et s'envolent. Le Bombyx-mori a le corps si gros, les ailes si petites et si faibles, qu'il ne peut se tenir en l'air : il ne prend aucune nourriture, s'accouple et meurt.

Les femelles fécondées sont placées sur des feuilles de papier ou d'étoffe, où elle pondent un grand nombre d'œufs qui, de jaunes, deviennent d'un gris ardoisé.

Lorsqu'on veut obtenir de la soie de belle qualité, on ne laisse pas éclore les papillons, on plonge les cocons dans l'eau chaude pour tuer la chrysalide et désagréger les fils qui sont agglutinés et ne pourraient être dévidés sans cette opération préliminaire; on enlève ensuite les fils qui constituent l'enveloppe extérieure du cocon, qu'on appelle bourre de soie, et on trouve enfin le fil unique qui constitue tout le cocon et qu'on enroule sur une bobine sans solution de continuité.

On comprend que des chenilles ainsi domestiquées, élevées en nombre considérable dans des espaces restreints, aient été parfois atteintes par des épidémies qui apportèrent dans l'industrie de la soie de grandes perturbations, voire même, pour certains départements, des ruines considérables. Pour régénérer la race on fit venir des œufs provenant de la Chine et du Japon, c'est-à-dire des pays d'origine et exempts des corpuscules microscopiques, germes de la maladie. On eut alors la preuve que la race s'était peu à peu abâtardie en Europe, sous un climat qui n'était pas le sien, car, à partir du jour où l'on se servit exclusivement de la graine chinoise ou japonaise, la production reprit son importance primitive.

Pour finir cette courte histoire du ver à soie, nous dirons que l'on estime qu'il faut 25 kilos de feuilles de mûrier pour obtenir 1 kilo de cocons qui se vendent 6 francs environ; un hectare de mûriers en plein rapport produisant environ 1,300 kilos de feuilles peut donc donner 520 kilos de soie, soit environ 3,120 francs, mais de ce chiffre il faut déduire la main-d'œuvre, qui a une certaine importance.

Quand l'industrie de la soie se vit compromise par la maladie qui décimait les vers, on rechercha si d'autres espèces ne pourraient suppléer le Bombyx-mori. C'est alors que fut introduit le ver à soie de l'ailante ou **Bombyx Cynthia**. Cette espèce (Pl. XXIII), grande, robuste, et qui n'a pas été abâtardie par une longue captivité, s'est non seulement acclimatée sous notre climat, mais y est si bien naturalisée qu'elle y vit à l'état sauvage; presque partout où il y a des ailantes on la rencontre voltigeant vers le mois de juin ou juillet; elle passe l'hiver en chrysalide qui reste pendue aux branches de l'ailante. Dès que les papillons éclosent, ils volent pour se rechercher. Après l'accouplement, la femelle pond sur les branches des œufs qui ne tardent pas à éclore; les chenilles vivent à l'air libre sans soins spéciaux, et après quatre mues se tissent une chrysalide de couleur gris cendré, enroulée dans une foliole d'ailante. La chenille, longue de 65 à 80 millimètres, est d'un beau vert émeraude, avec la tête, les pattes et le dernier segment d'un beau jaune d'or. Elle porte, sur chaque anneau, des tubercules en forme d'épines, dont l'extrémité est d'un beau bleu outremer, et elle est couverte d'une secrétion cireuse, formant une sorte de farine blanche, destinée à la garantir de la pluie et de la rosée et sur laquelle l'eau ne peut se fixer.

Le papillon, qui est au moins de la taille du grand Paon de nuit, est actuellement répandu dans presque toute la France, et il doit figurer dans toute collection de lépidoptères français. Il est très facile de se le procurer en recherchant, l'hiver, les chrysalides fixées sur les ailantes; on les conserve dans un lieu frais jusqu'à l'été, époque de leur éclosion (juin et juillet).

La soie du Bombyx de l'ailante est fine et résistante, d'un gris clair, un peu brunâtre, le cocon est construit

avec une sortie ménagée pour la chenille, ce qui, longtemps, a été un inconvénient ayant une grande importance commerciale, parce que l'on ne pouvait les dévider
comme ceux du mori, de sorte que l'on obtenait de la
bourre de soie très belle, mais pas de soie grège. Plusieurs procédés industriels permettant actuellement
d'obtenir le dévidage de ces cocons, il est très probable
que la culture du Bombyx de l'ailante prendra des pro-
portions considérables et deviendra une véritable industrie.

Nous possédons encore en Europe deux autres espèces
de vers à soie qui vivent sur le chêne et sont d'une grande
robusticité. Pour que leur élevage puisse être entrepris
industriellement, il reste encore un problème à résoudre,
celui de l'époque de leur éclosion ; toutes les tentatives
faites jusqu'ici n'ont pas permis de la retarder, de
sorte que le plus souvent les chenilles, surtout celles
du Yama-maï, naissent avant que les bourgeons des
chênes les plus précoces soient développés, et il est fort
embarrassant de les nourrir. On arrive bien à les entrete-
nir les premiers jours en leur donnant des bourgeons
hachés, on peut aussi rentrer en serre, l'automne, quelques
pieds de jeunes chênes pour leur procurer la première
nourriture ; mais tout cela est très facile pour un petit
élevage, mais ne saurait être mis en pratique dans une
culture industrielle. On a également essayé de mettre les
œufs dès le mois de mars dans une glacière, mais il est
fort à craindre que le manque de jour et l'humidité
n'aient une influence pernicieuse sur les petites chenilles
qui sont formées dans les œufs bien avant leur éclosion.
Le jour où on aura obtenu l'éclosion de ces deux espèces

en temps utile, on pourra les élever en grand dans toutes les contrées de l'Europe où croît le chêne, et ce sera pour les terrains maigres une ressource considérable : car la culture du chêne rapporte peu, mais le jour où on pourrait obtenir 2 à 3,000 francs de soie par hectare, il est probable que beaucoup de grands propriétaires cultiveraient le chêne pour obtenir la soie.

Le **Yama-maï** passe l'hiver à l'état d'œuf, la chenille naît au printemps, et après quatre mues file un cocon blanc teinté d'un beau vert clair; la chenille, pour arriver à l'âge adulte, vit environ **65** jours; elle atteint **9** centimètres de longueur, est d'un beau verdâtre clair avec une étroite bande latérale jaune qui vient se confondre vers le onzième anneau avec une tache brune triangulaire qui s'étend jusqu'à l'anus. Dans le jeune âge, la chenille est jaune avec quelques raies longitudinales noires. La chrysalide reste enfermée dans le cocon de **30** à **35** jours; les papillons mâles éclosent souvent avant les femelles, ces dernières sont plus grandes et atteignent **18** centimètres d'envergure; la couleur varie dans cette espèce, du jaune au brun plus ou moins foncé et olivâtre (Pl. XXIV).

Le **Pernyi** ressemble beaucoup au précédent. Les papillons sont même si voisins, que souvent il est difficile de les distinguer; mais cette espèce passe l'hiver en chrysalide et cette dernière est d'un brun clair, presque du même ton que celle de l'ailante. Les papillons éclosent au premier printemps, s'accouplent et pondent des œufs qui ne tardent pas à éclore, les chenilles ressemblent beaucoup à celles du Yama-maï.

Nous ne pouvons donner ici des conseils complets pour l'élevage des chenilles et leur préparation, ce serait dépasser notre cadre. Nous engageons ceux de nos lecteurs qui voudront obtenir des papillons frais et en parfait éttat, à suivre les indications que nous avons données à cet égard dans un manuel spécial (*Guide de l'éleveur de chenilles*), et nous pouvons leur prédire qu'ils trouveront dans cette étude des métamorphoses des papillons tant de charmes, qu'ils ne regretteront jamais les instants qu'ils auromt consacrés à l'examen de leurs mœurs si intéressantes.

TABLE ALPHABÉTIQUE

DES

NOMS LATINS DES FAMILLES, TRIBUS, GENRES ET ESPÈCES

	Pages.		Pages.
Abraxas.	176	Alsus.	18
Aceris.	118	Altheæ.	53
Acherontia.	64	Alveus.	54
Achilleæ.	74	*Amphipyra.*	155
Acidalia	172	*Amphydasis.*	169
Acis.	18	Amyotella.	209
Acontia.	151	Anacampsis	208
Acrobasis.	202	*Anaitis.*	189
Acronycta.	117	*Anarta.*	150
Adela.	208	Ancilla.	75
Adippe.	31	Angularia.	168
Adonis.	17	Augustalis.	193
Ægeria.	48	*Anisopteryx.*	179
Ægon.	16	Annulata.	172
Ello.	42	*Anthocharis.*	8
Escularia.	179	*Anticlea.*	86
Esculi.	88	Antiopa.	27
Agestis.	17	Antiqua.	89
Aglaia.	30	APAMIDÆ.	123
Aglia,	101	*Apatura.*	22
Aglossa.	192	Apiformis.	68
Agriopis.	143	*Aplecta.*	144
Agrophila.	152	Apollo.	6
Agrotis.	128	Aprilina.	143
Albicillata.	184	Arcanius.	50
Albipuncta.	121	Arethusa.	45
Alchymista.	157	*Arge.*	37
Alexanor.	4	Argiolus.	18
Alexis.	13	Argus.	16
Algæ.	115	*Argynnis.*	30

	Pages.		Pages.
Argyrella.	201	BRYOPHILIDÆ.	115
Arion.	19	Bucephala.	111
Artemis.	36	*Cabera.*	173 .
Asiliformis.	69	Caja.	83
Asteris.	148	C. album.	30
Atalanta.	28	*Calligenia.*	77
Athalia.	34	*Callimorpha.*	82
Atomaria.	175	*Calocampa.*	146
Atrata.	190	*Calophasia.*	148
Atriplicis.	145	Camalisia.	108
Atropos.	64	Camilla.	25
Aureola.	78	*Camptogramma.*	187
Auriflua.	91	Capsincola.	141
Ausonia.	9	Cardamines.	8
Axilia.	125	Cardui.	28
Badiata.	187	Carniolica.	73
Baja.	133	Carthami.	53
Bankia.	152	Cassandra.	5
Bankiana.	152	Cassiope.	41
Batis.	111	Castrensis	95
Belia.	9	*Cataclysta.*	194
Berberata.	186	*Catephia.*	157
Betulæ.	13	*Catocala.*	157
Betularia.	170	CATOCALIDÆ.	157
Betulifolia.	97	Ceitis.	21
Bilineata.	187	*Cerastis.*	136
Bipunctaria.	189	*Charaxes.*	21
Biston.	169	*Chariclea.*	149
Boarmia.	170	*Cheimatobia.*	179
BOMBYCIDÆ.	93	*Chelonia.*	83
BOMBYCOÏDÆ.	117	CHELONIDÆ.	80
Bombyliformis.	67	*Chionobas.*	42
Bombyx.	93	Chlorana.	76
Botys.	195	Chrysidiformis.	70
Brassicæ.	7	Chrysitis.	153
Brassicæ.	127	Chrysonuchellus.	199
Brephos.	161	Chrysorrhæa.	90
Briseis.	44	*Cidaria.*	187
Brumata.	179	Cingulata.	194
Bryophila.	115	Cinxia.	35

	Pages.		Pages·
Clathrata.	174	Dejanira.	48
Clavis.	128	Delius.	6
Cledeobia.	192	Delphinii.	149
Cleopatra.	11	Dia.	33
Clytia.	23	Dianthœcia.	141
Cnethocampa.	92	Dictæa.	106
C. nigrum.	132	Dictynna.	35
Cœruleocephala.	110	Diffinis.	140
Colias.	10	Diloba.	110
Comes.	131	Diphthera.	117
Comma.	57	Dipsaceæ.	150
Complana.	77	Dispar.	89
Consociella.	202	Dominula.	83
Convolvuli.	63	Dromedarius.	107
Corydon.	16	Dypterigia.	126
Cosmia.	139	Edusa.	10
COSSIDÆ.	87	Elachysta.	209
Cossus.	87	Elinguaria.	167
CRAMBIDÆ.	198	Elpenor.	61
Crambus.	198	Elocata.	158
Cratægata.	165	Elutella.	203
Cratægi.	7	Emydia.	81
Cribrum.	203	Endromis.	98
Crocallis.	167	Ennomos.	167
Cucullia.	147	Ennychia.	194
Cucullina.	109	Ephestia.	203
Culmellus.	199	Ephyra.	171
Cuprealis.	192	Erebia.	38
Curialis.	85	Ericella	207
Cyclopides.	56	Erminea.	103
Cyllarus.	19	ERYCINIDÆ.	19
Cymaiophora.	112	Eubolia.	188
CYMATOPHORIDÆ.	111	Euchelia.	81
Cynthia.	216	Euclidia.	160
Daplidice.	8	Eupheno.	8
Dasychira.	91	Euphorbiæ.	60
Davus.	51	Euphrosine.	33
Defoliaria.	178	Eupithecia.	181
De Geerella.	208	Euryale.	40
Deïlephila.	60	Eurydice.	14

	Pages.		Pages.
Exclamationis.	129	*Hecatera.*	141
Exoleta	147	*Heliodes*	151
Fagi.	104	HELIOTHIDÆ.	149
Farinalis.	192	*Heliothis.*	150
Fausta.	73	*Hepialus.*	86
Festucæ.	154	Hera.	82
Fidonia.	174	Herbida	144
Filipendulæ.	72	Hermione.	44
Fimbria.	131	Hero	50
Flavago.	124	*Hesperia.*	57
Flavicincta.	142	HESPERIDÆ.	51
Flavicornis.	112	HETEROCÈRES.	59
Fluctuata.	186	Hexadactylus.	210
Forficalis.	197	Hexapterata.	183
Fraxini.	158	Hilaripennella.	209
Fuciformis.	68	*Himera.*	168
Fuliginosa.	86	Hirtaria.	169
Fulvago.	139	Honnoratii.	5
Furcula.	103	Humuli.	86
Galathea.	37	Hyale.	10
Galleria.	204	*Hybernia.*	178
Gamma.	154	HIBERNIDÆ.	177
Geminipuncta.	123	*Hybocampa.*	105
Geometra.	171	*Hydræcia.*	124
GEOMETRIDÆ.	163	*Hydrocampa.*	195
Gilvago.	139	*Hypena.*	162
Glandifera	116	HYPÆNIDÆ.	162
Globulariæ.	71	Hyperanthus.	48
Gortyna.	124	Ilia.	23
Gracillaria.	209	Ilicis	43
Grammica.	81	Incanaria.	173
Grisella.	204	Incerta.	134
Griseola.	78	*Ino.*	71
Grossulariata.	176	Io.	27
Hadena.	145	Iris.	23
HADENIDÆ.	140	Irrorella.	79
Halias.	76	Jacobææ.	81
Harpyia.	102	Janira.	48
Hastata.	185	Jasius.	22
Hebe.	84	Juniperata.	183

	Pages.		Pages.
.. album.	120	Lycænidæ.	12
.arentia.	180	Lythria.	175
.arentidæ.	179	Machaon.	3
.asiocampa	96	Macroglossa.	67
.athonia.	31	Macularia.	165
.emnata.	195	Malvæ	54
.eucania.	120	Malvarum.	52
eucanidæ.	120	Mamestra.	126
euconea.	7	Mania.	156
eucophæria.	178	Margaritaria.	166
eucophasia.	9	Marginata.	177
evana.	26	Maura.	156
ibythæa.	21	Medea.	39
ibythæidæ.	20	Medescaste.	5
igea.	39	Medusa.	38
igniperda.	87	Megacephala.	119
igustri.	63	Megæra.	47
imenitis.	24	Melanippe..	185
.inariata.	181	Melanthia.	184
inea.	58	Melitæa.	34
ineola.	58	Mellonella	204
iparidæ.	88	Menthastri.	86
iparis.	89	Mesomella.	80
ithargyria.	121	Meticulosa	144
ithosia.	77	Metrocampa.	166
ithosidæ.	77	Mi.	160
obophora.	182	Microlépidoptères.	205
omaspilis.	177	Milhauseri.	105
oniceræ.	72	Miniata.	77
ophopteryx.	108	Minos.	74
ta.	136	Miniosa.	135
icida.	151	Miselia.	143
cina.	20	Mnemosyne.	6
ctuosa.	152	Mœra.	46
maria.	166	Monacha.	90
naris.	160	Mori.	212
nala.	149	Myeloïs.	203
ipulinus.	87	Myrtilli.	151
rideola.	78	Naclia.	75
cæna.	15	Napi.	8

	Pages.		Pages·
Nemeobius.	20	Pandora.	32
Nemeophila.	81	Paniscus.	56
Nephopteryx.	201	Paphia.	32
Nerii.	62	*Papilio.*	3
Neustria.	95	Papilionaria.	171
Nicæa.	61	PAPILIONIDÆ.	3
Nictitans.	124	Paranympha.	159
Noctua.	132	*Parnassius.*	5
NOCTUÆ.	114	Parthenias.	161
NOCTUIDÆ.	128	Parthenie.	35
Nonagria.	122	Pascuellus.	198
Notha.	161	Pavonia.	100
Notodonta.	105	Pelloniella	207
NOTODONTIDÆ.	102	*Pellonia*	173
Nupta.	158	*Pempelia.*	201
Nymphæata.	195	Pendularia.	172
NYMPHALIDÆ.	21	Pennaria	168
Oblongata.	181	Pentadactylus.	210
Occitanica.	73	Perla.	116
Ocellata.	66	Perlellus	200
Ochrata..	172	Pernyi.	218
Octomaculata.	194	Persicariæ.	127
Ocularis.	112	Phædra.	46
Œcophora.	208	Phegea.	75
Ophiodes.	160	Phicomone.	11
Or.	113	*Phigalia.*	168
Orbona.	131	Phlæas.	14
Orgya.	89	*Phlogophora.*	144
Orion.	117	PHYCIDÆ.	200
Ornatella.	201	Picata.	188
Orneodes.	210	PIERIDÆ.	7
Ornithopus.	146	*Pieris.*	
Ornix.	209	Pilosaria.	16
Orthosia.	136	Pinastri.	12
Oxyacanthæ.	143	Pinguinalis.	19
Palæno.	10	Piniaria.	17
Pallens.	120	Piniperda.	13
Palpina.	109	*Pionea.*	19
Palpula.	207	Pirene.	4
Pamphilus.	50	Pityocampa.	9

	Pages.		Pages.
Plagiata.	190	Punctata.	75
Plecta.	133	Purpuralis.	193
Plumbaria.	189	Purpuraria.	175
Plusia.	153	Purpurea.	84
PLUSIDÆ.	153	Pusaria.	173
Podalirius.	4	Putris.	125
Polia.	142	*Pygæra.*	110
Polita.	137	*Pyralis.*	192
Polychloros.	29	PYRALITES.	191
Polyodon.	125	Pyramidea.	155
Polyommatus.	14	*Pyrausta.*	193
Populella.	208	Pyri.	100
Populi.	24	Quadra.	78
Populi.	66	Quercana.	76
Populifolia.	97	Quercifolia.	96
Porcellus.	62	Quercus.	13
Porphyrea.	130	Quercus.	93
Potatoria.	98	Ramosa.	80
Prasinana.	76	Rapæ.	8
Pratellus.	199	Reaumurella.	208
Proboscidalis.	162	Rectangulata.	182
Processionæ.	92	Repandalis.	196
Promissa.	159	Rhamni.	11
Pronuba.	130	*Rhodocera.*	11
Prorsa.	27	Rhomboida.	133
Proserpina.	43	RHOPALOCÈRES.	3
Protea.	145	Ridens.	113
Pruinata.	171	Roboraria.	170
Prunata.	188	Rostralis.	163
Pruni.	71	Rubi.	12
Pruni.	97	Rubi.	94
Pruniella	208	Rubiginata.	172
Pseudoterpna.	171	Rubricollis.	79
Psi.	118	Rufina.	136
Psyche.	37	*Rumia.*	165
PTEROPHORIDÆ.	210	Rumicis.	119
Pterophorus	210	Ruralis.	196
Pterostoma.	109	Russula.	82
Pudibunda.	91	Salicis.	90
Punctaria.	172	Sambucaria.	164

	Pages.		Pages.
Sao.	55	Sylvanus.	57
Satellitia.	138	Sylvata.	176
Saturnia.	99	Syntomis.	75
SATURNIDÆ.	99	Syrichtus.	53
SATYRIDÆ.	36	Tabaniforme.	69
Satyrus.	43	Tæniocampa.	134
Sciapteron.	69	Tages.	55
Scopelosoma.	138	Tanagra.	190
Scrophulariæ.	118	Tapezella.	207
Selene.	33	Tau.	101
Selenia.	166	Tenebrata.	151
Semele.	45	Tetralunaria.	167
Semirubella.	201	Thais.	4
Serena.	141	Thanaos.	55
Sesia.	69	Thecla.	12
SESIIDÆ.	68	Thera.	183
Setina.	79	Thyatyra.	111
Sexalata.	183	Tiliæ.	65
Silene.	137	Tinea.	206
Simplonia.	9	TINEIDÆ.	206
Sinapis.	9	Tithonius.	49
Smerinthus.	65	Trachea.	133
Spectrum.	156	Tragopogonis.	155
SPHYNGIDÆ.	60	Trapezina.	140
Sphynx.	63	Tremula.	108
Spilosoma.	85	Tridens.	118
Spilothyrus.	52	Trifolii.	72
Spintherops.	156	Trifolii.	94
Sponsa.	159	Triphæna.	130
Stabilis.	135	Tristata.	185
Statices.	71	Tristigma.	132
Statilinus.	45	Tritici.	129
Stauropus.	104	Tritophus.	107
Stellaturum.	67	Trochilium.	68
Steropes.	56	Tumidella.	202
Strenia.	174	Turca.	122
Struthionipennella.	209	Tyndarus.	42
Suffusa.	129	Typhæ.	123
Sulphuralis.	152	Umbratica.	148
Sybilla.	25	Urapteryx.	164

	Pages.		Pages.
Urticæ.	29	Viridaria.	189
Urticata.	197	W-album.	12
Vaccinii.	137	Xanthe.	15
Valesina.	32	Xanthia.	138
Vanessa.	26	Xylina.	146
Variata.	184	XYLINIDÆ.	146
Venilia.	165	Xylophasia.	125
Verbasci.	147	Yama-maï.	218
Versicolora.	98	Zeuzera.	88
Vibicaria.	173	Zigzag.	106
Villica.	84	Zygænæ.	72
Vinula.	102	ZYGÆNIDÆ.	70

NOMS FRANÇAIS DES ESPÈCES

Acidalie pâle.	172	Argentée.	121
Achillière.	74	Argentule.	152
Adèle de Degeer.	208	Argus.	15
Adèle de Réaumur.	208	Argus bleu.	15
Aglosse.	167	Argus bleu céleste.	17
Agreste.	45	Argus bleu nacré.	16
Airelle.	137	Argus myope.	15
Alchimiste.	157	Argus satiné changeant.	14
Alexanor.	4	Arpenteuses.	163
Alvéoles.	204	Arrochière.	145
Amaryllis.	49	Arrosée.	79
Amathie à six ailes.	183	Asiliforme.	69
Ambiguë.	135	Asopie de la farine.	192
Amyot.	209	Associée.	202
Anacampsis du peuplier.	208	Astrée.	148
Anneau du diable.	94	Athalia.	34
Antique.	147	Aubépinière.	143
Apiforme.	69	Aurore.	8
Apollon.	6	Ausonia.	9
Apparent.	90	Avrillière.	117
Arctie à cul brun.	90	Bacchante.	48
Arctie à queue d'or.	91	Bande noire.	57

	Pages.
Bande rouge.	173
Belia.	9
Bélier.	72
Belladone.	133
Belle-dame.	28
Bigarré.	53
Biponctuée.	189
Blême.	120
Boarmie du chêne.	170
Bois veiné.	106
Bombyx de l'Ailante.	216
Bombyx du chêne Pernyi,	218
Bombyx du chêne Yama-maï.	218
Bombyx du mûrier.	212
Bombyx à tête bleue.	110
Bouleau.	13
Bouleau. ,	170
Bordée.	76
Bordure ensanglantée.	82
Brassicaire.	127
Brèche.	147
Bruyère.	73
Bruyères.	207
Buveuse.	98
Candide.	11
Capsulaire.	141
Capuchon.	109
Cardamines.	8
Cardère.	151
Cardinal.	32
Carte géographique brune.	27
Carte géographique fauve.	26
Cassandre.	5
Ceinture jaune.	142
Céladon.	166
Centaurée.	181
Céphale.	50
Cerfeuil.	191
Chameau.	107

	Pages.
Champs.	199
Chape verte à bande.	76
Chaumes.	199
Chêne.	13
Chêne.	92
Chêne.	171
Chesias du genévrier.	183
Chesias variée.	184
Chloë.	115
Choisie.	158
Chou.	7
Chrysidiforme:	70
Cidarie baie.	185
Cidarie de l'épine-vinette.	186
Cirée.	139
Citron.	11
Citron de Provence.	11
Citronelle rouillée.	165
C.-noir.	132
Collier argenté.	33
Complanule.	78
Coquette.	88
Cordon blanc.	133
Cornes de bœuf.	64
Corycie de la ronce.	184
Cossus gâte-bois.	87
Crambus des champs.	199
Crambus des chaumes.	199
Crambus des pâturages.	198
Crambus des prés.	199
Crambus perle.	200
Crépusculaires.	59
Crête de coq.	108
Crochet blanc.	121
Croissant.	166
Cucullie de la scrophulaire.	148
Cuivrée.	192
Cul-brun.	90
Damier.	53
Daphnis.	51

	Pages.		Pages.
Daplidice.	8	Feuille-morte du peuplier.	97
Défeuillée.	178	Feuille-morte du prunier.	97
Degeer.	208	Fiancée.	159
Demi-deuil.	37	Flambé.	4
Demi-paon.	66	Flavicorne.	112
Diurnes.	4	Fourchu.	197
Dorée.	136	Franconien.	38
Double oméga.	110	Frangée.	131
Double tache.	129	Froment.	130
Dragon.	105	Gallerie des alvéoles.	204
Drap d'or.	124	Gamma.	30
Dromadaire.	107	Gâte-bois.	88
Ecaille brune.	85	Gazé.	67
Ecaille chouette.	81	Gazé.	68
Ecaille couleur de rose.	84	Gazée.	7
Ecaille cramoisie.	86	Genêt.	171
Ecaille marbrée.	84	Genévrier.	183
Ecaille marbrée.	83	Géomètres.	163
Ecaille martre.	83	Globulaire.	72
Ecaille mouchetée.	84	Gracieuse.	135
Echancré.	21	Gracillaire plume gaie.	209
Echiquier.	56	Graisse.	192
Eclatante.	124	Graminées.	73
Ecureuil.	94	Grand mars changeant.	23
Effacée.	203	Grand mars orangé.	24
Elachyste d'Amyot.	209	Grand nacré.	31
Enflés.	202	Grand nègre à bandes	
Ennychie à huit taches.	194	fauves.	39
Ensanglantée.	176	Grand nègre des bois.	46
Epineuse.	129	Grand nègre hongrois.	39
Epine-vinette.	185	Grand paon de nuit.	100
Erable.	118	Grand porte-queue.	3
Ermite.	44	Grand sylvain.	24
Esparcette.	73	Grande tortue.	29
Etoilée.	89	Grisâtre.	78
Etroite.	193	Grisâtre.	178
Eupheno.	8	Grisette.	52
Farine.	192	Grosse-tête.	119
Faune.	45	Guimauve.	53
Feuille-morte.	96	Hachette.	101

	Pages.		Pages.
Hastée.	185	Liseron.	
Héliaque.	151	Livrée.	95
Hémithée du genêt.	171	Livrée des prés.	95
Hépiale du houblon.	86	Louvette.	87
Hermine.	103	Lucine.	20
Hespérie de la guimauve.	53	Lunaire.	160
Hétérocères.	59	Lunulée.	111
Hexadactyle.	210	Lyncée.	13
Hexaptère.	183	Machaon.	3
Hibernie du marronnier		Manteau à tête jaune.	77
d'Inde.	179	Manteau jaune.	78
Hibou.	130	Marais.	121
Honnorat.	5	Marcassite.	201
Houblon.	76	Marginée.	177
Hydrocampe de la lentille		Mariée.	157
d'eau.	195	Marronnier d'Inde.	179
Hyémale.	179	Mars orangé.	23
Illustre.	167	Martre.	83
Incarnat.	149	Massette.	121
Incarnat.	201	Maure.	156
Inconstante.	134	Médescaste.	5
Intruse.	161	Mélanthie ondée.	186
Isolée.	137	Ménagère.	75
Italique.	152	Méticuleuse.	144
Jasius.	23	Microlépidoptères.	191
Jaspe vert.	145	Minime à bande.	93
Jaune à quatre points.	79	Miroir.	56
Joconde.	141	Mnémosyne.	6
Lambda.	154	M.-noire.	160
Languedoc.	74	Mœlibée	50
Larentie de la centaurée.	181	Moine.	90
Larentie de la linaire.	181	Moissonneuse.	128
Larentie double ligne.	187	Monoglyphe.	125
Laurier-rose.	63	Morio.	27
Lavée.	136	Moro-sphinx.	67
Lentille d'eau.	199	Mouchetée.	176
Lichen.	116	Moutarde.	9
Lichénée bleue.	158	Museau.	109
Linaire.	182	Museau.	162
Linariette.	149	Myope.	15

	Pages.		Pages.
Myrtil.	151	Perle.	116
Myrtille.	151	Perle.	166
Nacarat.	140	Perle.	20
Nacré.	30	Petit agreste.	45
Navet.	8	Petit collier argenté.	33
Nébuleuse.	146	Petit damier.	36
Nénuphar.	195	Petit mars changeant.	23
Noctuelles.	114	Petit mars orangé.	23
Noctuelle batis.	111	Petit minime à bandes.	94
Noctuelle de l'airelle.	136	Petit nacré.	31
Noctuelle de la cardère.	150	Petit nègre à bandes	
Noctuelle de la massette.	123	fauves.	41
Noctuelle de la patience.	119	Petit paon de nuit.	100
Noctuelle de l'érable.	118	Petit pourceau.	62
Noctuelle du froment.	129	Petit sphinx de la vigne.	62
Noctuelle du lichen.	116	Petit sylvain.	25
Noctuelle or.	113	Petite feuille-morte.	97
Nocturnes.	59	Petite queue-fourchue.	103
Nonagrie des marais.	123	Petite tortue.	29
Octogésime.	112	Petite violette.	33
Œcophore du prunier.	208	Peuplier.	66
Ombrageuse.	148	Peuplier.	96
Ondée.	186	Peuplier.	106
Ondulée.	130	Phœbus.	6
Orbone.	131	Phalènes.	163
Orme.	177	Phalène à barreaux.	174
Ornée.	201	Phalène carmin du sène-	
Ornice plume d'autruche.	209	çon.	81
Pâle.	173	Phalène chinée.	82
Pâle.	196	Phalène du bouleau.	170
Palpule des bruyères.	207	Phalène du nénuphar.	195
Panthère.	165	Phalène du pin.	126
Paon de jour.	27	Phalène du pin.	175
Papilionaire.	171	Phalène du prunier.	188
Paranymphe.	159	Phalène emplumée.	168
Patience.	118	Phalène hérissée.	169
Patte étendue.	91	Phalène jaune à quatre	
Pâturages.	198	points.	80
Pelleteries.	207	Phalène tigre.	86
Pentadactyle.	210	Phalène verte ondée.	76

	Pages.		Pages.
Phlæas.	14	Prunier.	71
Pic-vert.	188	Prunier.	97
Piéride daplidice.	8	Prunier.	188
Piéride de la moutarde.	9	Prunier.	208
Piéride de la rave.	8	Psi.	118
Piéride du chou.	7	Putride.	125
Piéride du navet.	8	Pyrale de la graisse.	192
Piéride du Simplon.	9	Pyralites.	191
Piéride gazée.	7	Pyramidale.	155
Piloselle.	76	Quatre omicrons.	172
Pin.	92	Queue d'or.	90
Pin.	125	Queue fourchue.	102
Pin.	175	Queue jaune.	197
Pissenlit.	76	Rameur.	80
Pityphage.	135	Rave.	8
Plain-chant.	54	Rayure jaune.	175
Plombée.	189	Réaumur.	208
Plume d'autruche.	209	Rectangulaire.	182
Plume gaie.	210	Rhomboïde.	133
Point blanc.	121	Rhopalocères.	3
Point de Hongrie.	55	Riche.	154
Polie.	138	Robert le Diable.	30
Polygonière.	127	Ronce.	12
Polyommate de la ronce.	12	Ronce.	184
Polyommate du bouleau.	13	Rosette.	77
Polyommate du chêne.	13	Rougeâtre.	172
Polyommate lyncée.	13	Runique.	143
Polyphage.	94	Satellite.	138
Ponctuée.	172	Satyre (1re espèce).	47
Porcelaine.	106	Satyre (2e espèce).	47
Pourprée.	193	Scrophulaire.	148
Prés.	73	Semi-Apollon.	6
Prés.	95	Sèneçon.	81
Prés.	199	Servante.	75
Processionnaire du chêne.	92	Sigma.	132
Processionnaire du pin.	93	Silène.	43
Procris.	50	Simplon.	9
Procris de la globulaire.	71	Solaire.	151
Procris du prunier.	71	Solitaire.	11
Promise.	159	Souci.	10

	Pages.		Pages.
Soufré.	10	Teigne des pelleteries.	207
Soufrée.	165	Teigne des tapisseries.	207
Spectre.	157	Teigne du miel.	204
Sphinx à cornes de bœuf.	64	Tête de mort.	64
Sphinx à tête de mort.	64	Tête rouge.	113
Sphinx bélier.	72	Tilleul.	65
Sphinx de la bruyère.	73	Timide.	108
Sphinx de l'achillière.	74	Tircis.	48
Sphinx de la piloselle.	74	Tithymale.	60
Sphinx de la vigne.	61	Toupet.	163
Sphinx de l'esparcette.	73	Trapèze.	140
Sphinx demi-paon.	66	Trident.	118
Sphinx des graminées.	72	Triple ligne.	190
Sphinx des prés.	72	Triponctuée.	155
Sphinx du Languedoc.	73	Tristan.	48
Sphinx du laurier-rose.	62	Triste.	185
Sphinx du liseron.	63	Troëne.	63
Sphinx du peuplier.	66	Turque.	122
Sphinx du pissenlit.	75	Turquoise.	71
Sphinx du tilleul.	65	Valaisien.	32
Sphinx du tithymale.	60	Verdâtre.	180
Sphinx du troëne.	63	Versicolor.	98
Sphinx gazé (1re espèce).	67	Vert doré.	153
Sphinx gazé (2e espèce).	68	Verte.	144
Suivante.	131	Vertical.	196
Sulphurée.	139	Vespiforme.	69
Sulphurée.	152	Veuve.	79
Suspendue.	172	Vieillie.	173
Sylvain.	24	Vigne.	61
Sylvain.	57	Virginale.	173
Sylvain azuré.	25	Vulcain.	28
Sylvandre.	44	W.-blanc.	13
Tabac d'Espagne.	32	Zigzag.	89
Tacheté.	55	Zigzag à ventre rouge.	90
Tamis.	203	Zone.	168
Tanagre du cerfeuil.	190	Zone blanche.	194
Tapisseries.	207		

Évreux, imprimerie de Ch. HÉRISSEY.

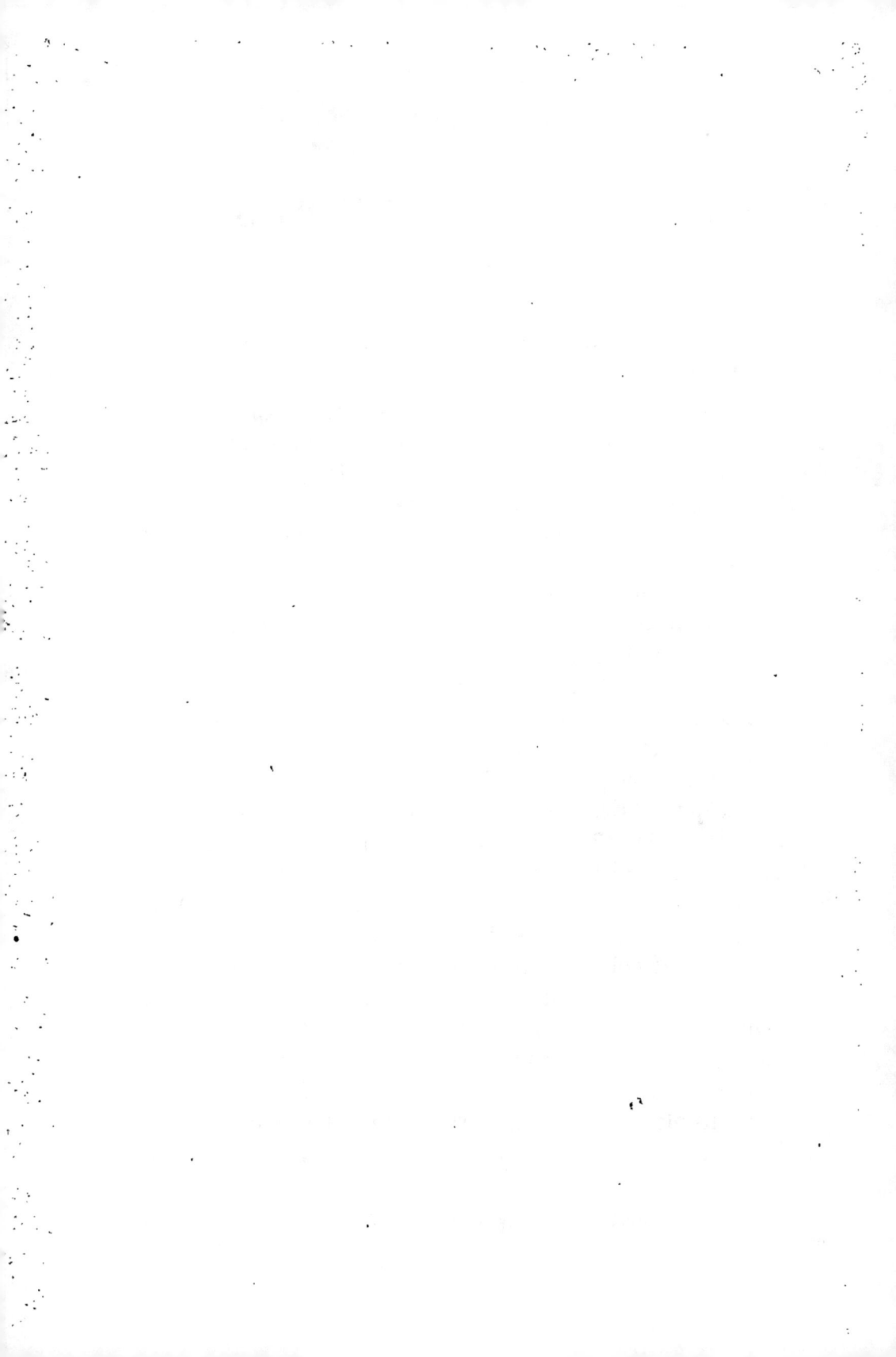

EXTRAIT

ou

CATALOGUE DE LIVRES[1]

BERCE. Faune entomologique française, Lépidoptères (Papillons de France).

Cet ouvrage donne la description de tous les papillons qui se trouvent en France ; il décrit toutes les chenilles connues, indique les localités et les plantes qu'elles fréquentent, en insistant particulièrement sur les mœurs des espèces nuisibles qui dévastent nos champs et nos provisions.

1er volume, comprenant des indications générales sur l'organisation, la classification, la chasse et la conservation des Lépidoptères, la description de tous les Rhopalocères (diurnes), et 87 espèces parmi ceux-ci, représentés dessus et dessous. Vol. in-18, jésus, 250 pages, 18 planches coloriées. . . . .   8 »

2° volume, description de toutes les espèces Hétérocères (crépusculaires), jusqu'aux Noctuo-Bombycites inclusivement ; les 17 planches gravées représentent 106 espèces, parmi lesquelles toutes celles du genre Sesia, et 40 dessins au trait de caractères. 10 50

3e volume, description des Hétérocères (noctuelles), avec 6 planches coloriées représentant 60 espèces et des dessins au trait de caractères. . . . .   6 »

4e volume, description des Hétérocères (fin des noctuelles) avec 8 planches représentant 82 espèces .   8 »

5e volume, description des Phalènes ; il est accompagné de 15 planches coloriées représentant 156 espèces. 12 50

---

[1] Le catalogue complet des ouvrages en vente à la même librairie sera adressé franco sur demande.

Le 6e et dernier volume termine complètement cet ouvrage et donne la description des Deltoïdes, Pyralitns, Crambites ; il est accompagné de 10 planches représentant 186 espèces. . . . . 10 »

Les 6 volumes, avec 74 planches coloriées et le catalogue. . . . . 55 »

Pour permettre à toutes les bourses l'acquisition de cet ouvrage, nous accepterons des paiements échelonnés de 5 francs par mois.

BERCE. Catalogue des Papillons de France donnant la liste complète des espèces, ouvrage indispensable pour le pointage des collections. Vol. in-12, 40 pages. » 60

BERCE et GUÉRIN MÉNEVILLE. Guide de l'éleveur de Chenilles, suivi d'un traité de l'éducation spéciale des chenilles qui produisent de la soie. Paris, 1871, vol. in-8°, fig. int. dans le texte. 1 50

FAIRMAIRE et BERCE. Guide de l'amateur d'insectes, 5e édition. Cet ouvrage, indispensable aux débutants, comprend : les généralités sur la division des insectes en ordres, l'indication des ustensiles et les meilleurs procédés pour leur faire la chasse, les époques et les conditions les plus favorables à cette chasse, la manière de les préparer et conserver en collections.

Vol. in-12 avec 120 vignettes intercalées dans le texte.. . . . . : 1 50

POMEL. Nouveau guide de Géologie, Minéralogie et Paléontologie, comprenant les éléments de ces études, la manière d'observer, de récolter, de préparer les échantillons et de les ranger en collections, vol. in-12 jésus. . . . . 1 »

EXPLICATION DE LA PLANCHE A

---

ig. 1. — *Tête d'un papillon* : *A*, yeux. — *B*, antennes. — *C*, trompe. — *D*, palpes.

ig. 2. — *Dessins des ailes* : *d*, demi-ligne. — *e*, ligne extra-basilaire. — *c*, ligne coudée (ces deux forment les lignes médianes). — *s*, ligne subterminale. — *m*, ombre médiane. — *b*, ligne basilaire. — *o*, tache orbiculaire. — *r*, tache réniforme. — *cl*, tache claviforme. — *v*, *v*, *v*, traits virgulaires. — *s*, *a*, traits sagittés, — *f*, feston terminal. — *l c*, lunule cellulaire.

Parties des ailes : *d*, *e*, espace basilaire. — *c*, *c*, espace médian. — *c*, *s*, espace subterminal. — *s*, *f*, espace terminal.

Parties du thorax : 1, Prothorax ou collier. — 2, Pterygode ou épaulette. — 3, Mésothorax, attache de l'aile supérieure. — 4, Métathorax, attache de l'aile inférieure.

ig. 3. — *Chrysalide de zygœna filipendulæ.*

ig. 4. — *Cocon de zygœna filipendulæ.*

ig. 5. — *Palpe velu*, hérissé.

ig. 6. — *Palpe dénudé.*

ig. 7. — *Antennes du genre* : *a*, macroglossa. — *b*, acherontia. — *c*, smerinthus. — *d*, sesia. — *e*, zygœna. — *f*, ino. — *g*, callimorpha. — *h*, liparis. — *i*, lasiocampa. — *k*, bombyx mâle. — *l*, bombyx femelle. — *m*, saturnia mâle. — *n*, saturnia femelle. — *o*, zeuzera mâle. — *p*, zeuzera femelle.

ig. 8. — *Antennes du genre* : *a*, papilio. — *b*, thais. — *c*, pieris. — *d*, rhodocera. — *e*, colias — *f*, thecla. — *g*, lycœna. — *h*, limenitis. — *i*, arginnis. — *k*, vanessa. — *l*, libythea. — *m*, charaxes. — *n*, arge. — *o*, satyrus. — *p*, hesperia.

ig. 9. — *Patte d'un papillon* : *A*, tarse. — *B*, jambe. — *C*, cuisse. — *D*, hanche.

EXPLICATION DE LA PLANCHE A

Fig. 10. — *Nervures d'une aile supérieure* : O, base. — *M*, ang
apicale. — *N*, angle interne. — *O, A, M*, bord exter
ou antérieur, côte. — *M, N*, bord marginal ou te
minal. — *O, N*, bord interne ou postérieur. — *A*, n
vure costale. — *B*, nervure médiane. — *O, B, C*, cellul
— *L*, nervure radiale. — *D* à *K*, espaces inter-ne
vuraux.

Nervures d'une aile inférieure : *m, k*, bord intérieur o
externe. — *m, o*, bord abdominal. — *k*, angle sup
rieur. — *o*, angle anal. — *a*, nervure costale.
p, nervure sous-costale. — *r*, nervure médiane.
s, nervure abdominale. — *b* à *h*, espaces inter-ner
vuraux. — *n*, queue — *l*, angle interne.

Fig. 11. — *A*, tache costale. — *B*, tache costale des piérides.

Fig. 12. — *Dessous des ailes inférieures d'un satyre* : *A*, ligne ba
silaire. — *B*, ligne médiane. — *C*, ligne ante-terminale
— *D*, point.

Fig. 13. — *Détails d'un œil sur les ailes d'un papillon* : *a*, pupille.
b, prunelle. — *c*, iris. — *d*, cercles.

Fig. 14. — *Tête d'une noctuelle, vue de face* : *a*, cavités où son
implantées les antennes. — *s*, stemmates. — *p*, sectio
des palpes. — *sp*, partie de la spiritrompe. — *y*, yeux

Fig. 15. — *Chysalide de Cossus ligniperda.*

Fig. 16. —   · · ·   *Saturnia pavonia.*

Fig. 17. —   —   *Parnassius Apollo.*

Fig. 18. —   —   *Rhodocera rhamni.*

Fig. 19. —   —   *Papilio machaon.*

Fig. 20. —   —   *Argynnis paphia.*

Fig. 21. —   —   *Polyommatus virgaureæ.*

Fig. 22. —   —   *ordinaire d'une noctuelle.*

Fig. 23. — *Crochets des tarses d'un Rhopalocère.*

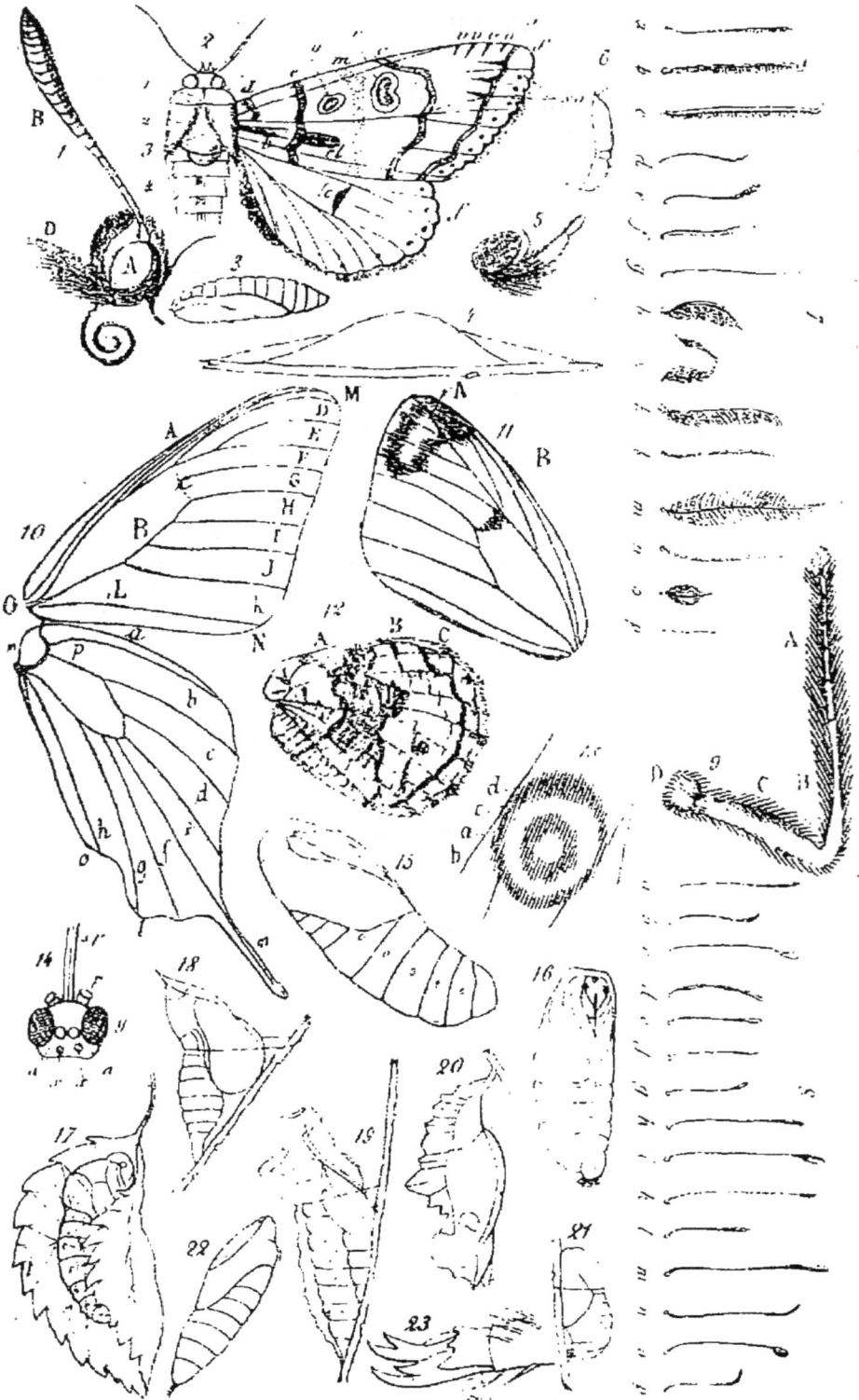

Pl. A

PLANCHE II

DIURNES

			Pages
Fig. 1.	Pieris.	Brassicæ.	7
2.	»	Rapæ.	8
3.	»	Daplidice.	8
4.	Anthocharis.	Cardamines.	8
5.	»	Eupheno (dessous).	8
6.	»	Belia.	9
7.	»	Ausonia.	9
8.	»	Simplonia.	9
9.	Leucophasia.	Sinapis.	9
10.	Colias.	Edusa.	10
11.	»	Hyale.	10
12.	»	Palæno.	10
13.	»	Phicomone.	11
14.	Rhodocera.	Rhamni.	11
15.	»	Cleopatra.	11
16.	Thecla.	Rubi.	12
17.	»	W. album.	13
18.	»	Ilicis (dessous).	13

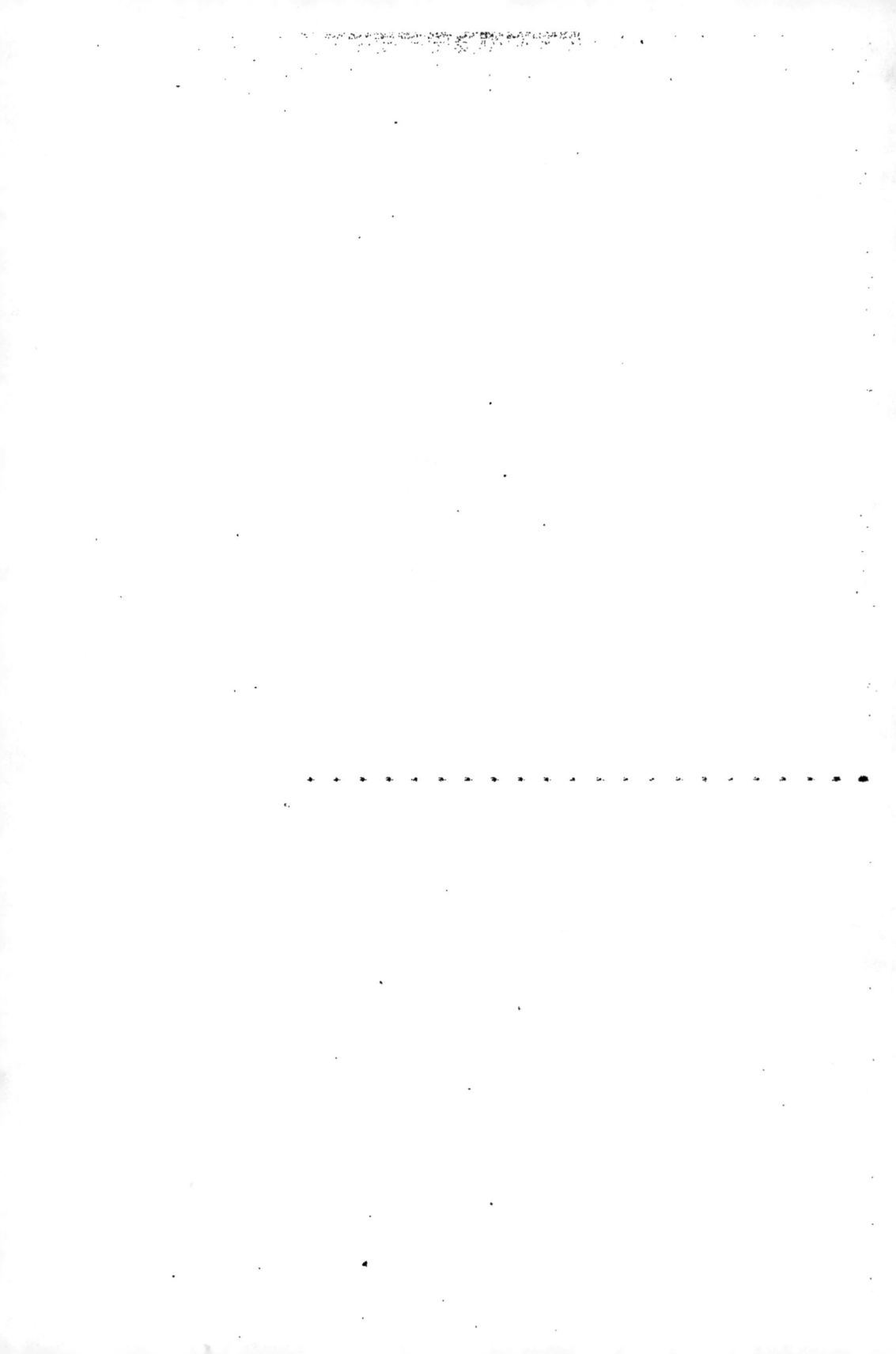

PLANCHE IV

Diurnes

			Pages.
Fig. 1.	Apatura.	Iris.	23
2.	»	Clytia.	23
3.	Limenitis.	Sybilla.	25
4.	»	Populi.	24
5.	»	Camilla.	25
6.	Vanessa.	Levana.	26
7.	»	Prorsa.	27
8.	»	Antiopa.	27
9.	»	Io.	27
10.	»	Atalanta.	28
11.	»	Cardui.	28

PLANCHE V

DIURNES

			Pages
Fig. 1.	Vanessa.	Polychloros.	29
2.	»	Urticæ.	29
3.	»	C. album.	30
4.	Argynnis.	Aglaia (dessous).	30
5.	»	Adippe.	31
6.	»	Lathonia.	31
7.	»	Euphrosine.	33
8.	»	Pandora.	32
9.	»	Paphia.	32
10.	»	Selene (dessous).	33
11.	»	Dia.	33
12.	Melitæa.	Athalia.	33
13.	»	Parthenie.	34
14.	»	Dictynna.	35
15.	»	Cinxia.	35
16.	»	Artemis.	36

PLANCHE VI

DIURNES

			Pages.
Fig. 1.	Arge.	Galathea.	37
2.	»	Psyche.	37
3.	Erebia.	Medusa.	38
4.	»	Medea.	39
5.	»	Ligea.	39
6.	»	Euryale.	40
7.	»	Cassiope.	41
8.	»	Tyndarus.	42
9.	»	Pirene.	41
10.	Chionobas.	Ællo.	42
11.	Satyrus.	Briseis.	44
12.	»	Semele.	45
13.	»	Arethusa.	45
14.	»	Statilinus.	45
15.	»	Hermione.	41

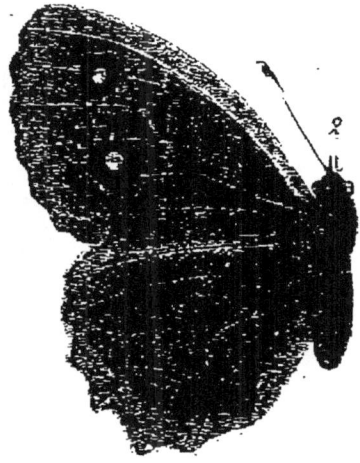

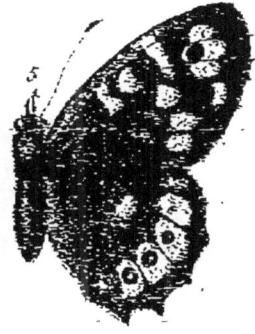

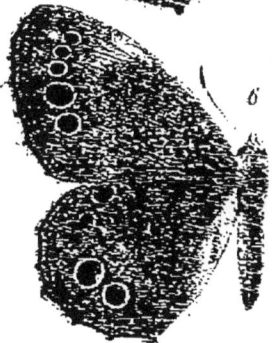
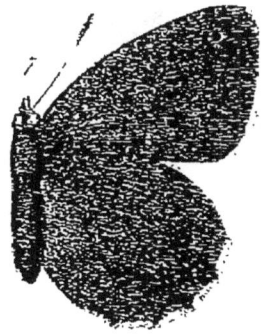

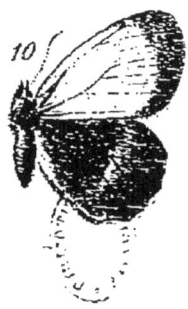
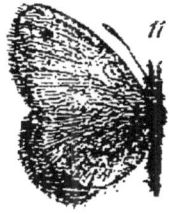

PLANCHE VII

DIURNES

			Pages.
Fig. 1.	Satyrus.	Proserpina.	43
2.	»	Phædra.	46
3.	»	Mœra.	46
4.	»	Megæra.	47
5.	»	Ægeria.	48
6.	»	Dejanira.	48
7.	»	Hyperanthus.	48
8.	»	Janira.	49
9.	»	Tithonus.	49
10.	»	Arcanius.	50
11.	»	Pamphilus.	50

PLANCHE VIII

Diurnès

				Pages.
Fig. 1.	Satyrus.	Hero.		50
2.	«	Davus.		51
3.	Spilothyrus.	Malvarum.		52
4.	»	Altheæ.		53
5.	Syrichtus.	Carthami.		53
6.	»	Alveus.		54
7.	»	Malvæ.		54
8.	»	Sao.		55
9.	Thanaos.	Tages.		55
10.	Hesperia.	Sylvanus.		57
11.	»	Comma (dessous).		57
12.	»	Linea.		58
13.	»	Lineola.		58
14.	Cyclopides.	Steropes.		56
15.	»	Paniscus.		56

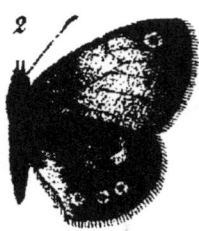

PLANCHE IX

			Pages.
Fig. 1.	Deilephila.	Euphorbiæ.	60
2.	»	Nicæa.	61
3.	»	Elpenor.	61
4.	»	Porcellus.	62
5.	»	Nerii.	62
6.	Sphinx.	Convolvuli.	63

PLANCHE X

CRÉPUSCULAIRES

			Pages.
Fig. 1.	Sphinx.	Ligustri.	63
2.	Smerinthus.	Tiliæ.	65
3.	»	Populi.	66
4.	»	Ocellata	66
5.	Acherontia.	Atropos.	64
6.	Macroglossa.	Stellatarum.	67
7.	»	Bombyliformis.	67

PLANCHE XI

CRÉPUSCULAIRES

			Pages.
Fig. 1.	Macroglossa.	Fuciformis.	68
2.	Trochilium.	Apiformis.	68
3.	Sciapteron.	Tabaniforme.	69
4.	Sesia.	Asiliformis.	69
5.	»	Chrysidiformis.	70
6.	Ino.	Globulariæ.	71
7.	»	Statices.	71
8.	»	Pruni.	71
9.	Zygæna.	Filipendulæ.	72
10.	»	Trifolii.	72
11.	»	Loniceræ.	72
12.	»	Carniolica.	73
13.	»	Fausta.	73
14.	»	Occitanica.	73
15.	»	Achilleæ.	74
16.	»	Minos.	74
17.	Syntomis.	Phegea.	75
18.	Naclia.	Ancilla.	75
19.	»	Punctata.	75

BOMBYCIDES

20.	Hélias.	Prasinana.	76
21.	»	Quercana.	76
22.	»	Chlorana.	76
23.	Calligenia.	Miniata.	77
24.	Lithosia.	Complana.	77
25.	»	Lurideola.	78
26.	»	Griseola.	78
27.	»	Aureola.	78
28.	»	Quadra.	78

PLANCHE XII

BOMBYCIDES

				Pages.
Fig.	1.	Lithosia.	Rubricollis.	79
	2.	Setina.	Irrorella.	79
	3.	»	Ramosa.	80
	4.	»	Mesomella.	80
	5.	Emydia.	Grammica.	81
	6.	Euchelia.	Jacobeæ.	81
	7.	Nemeophila.	Russula.	82
	8.	Callimorpha.	Hera.	82
	9.	»	Dominula.	83
	10.	Chelonia.	Caja.	83
	11.	»	Villica.	84
	12.	»	Purpurea.	84
	13.	»	Hebe.	84
	14.	»	Curialis.	85
	15.	Spilosoma.	Fuliginosa.	86
	16.	»	Menthastri.	86
	17.	Hepialus.	Humuli.	86
	18.	»	Lupulinus.	87

BOMBYCIDES

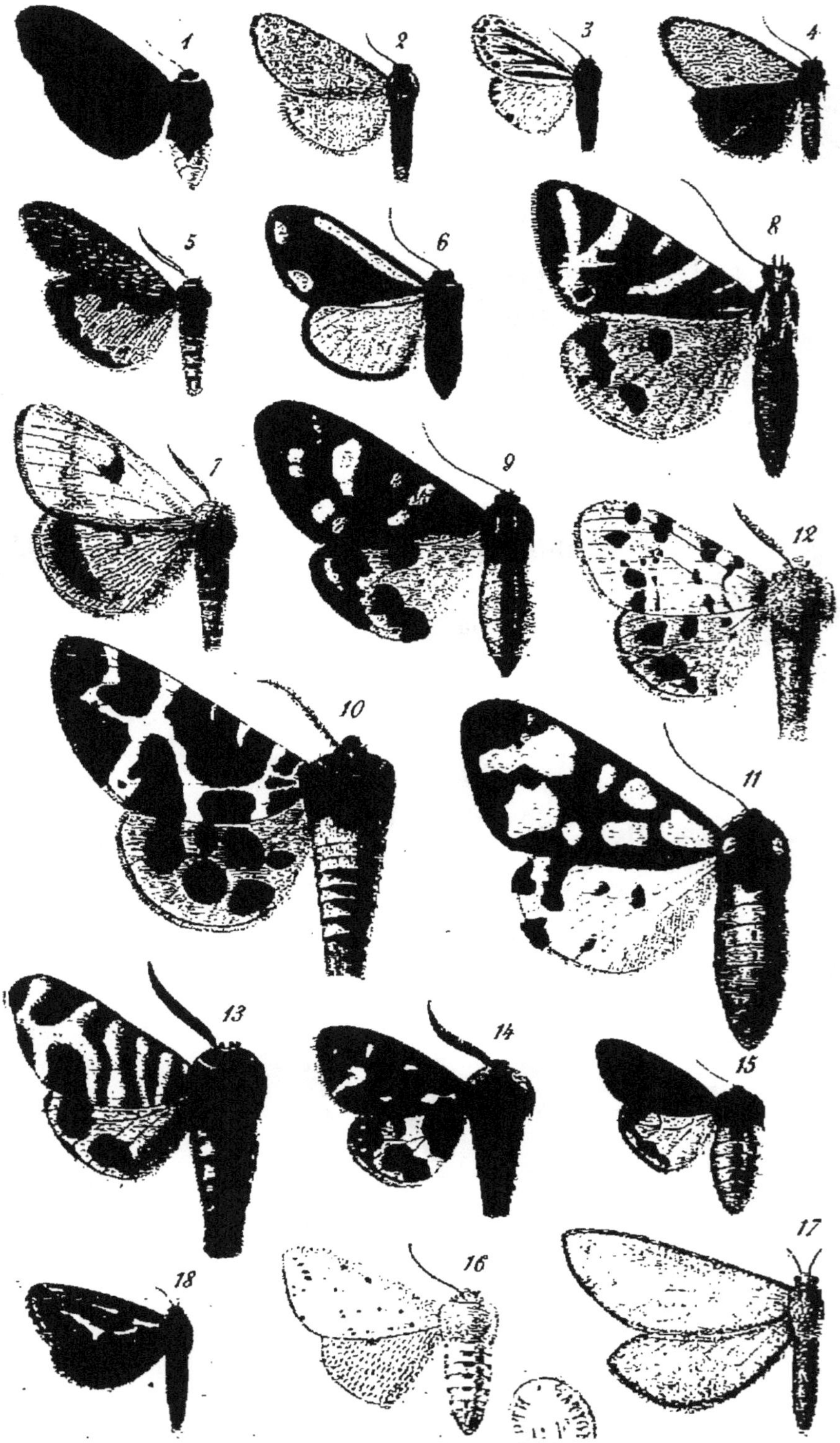

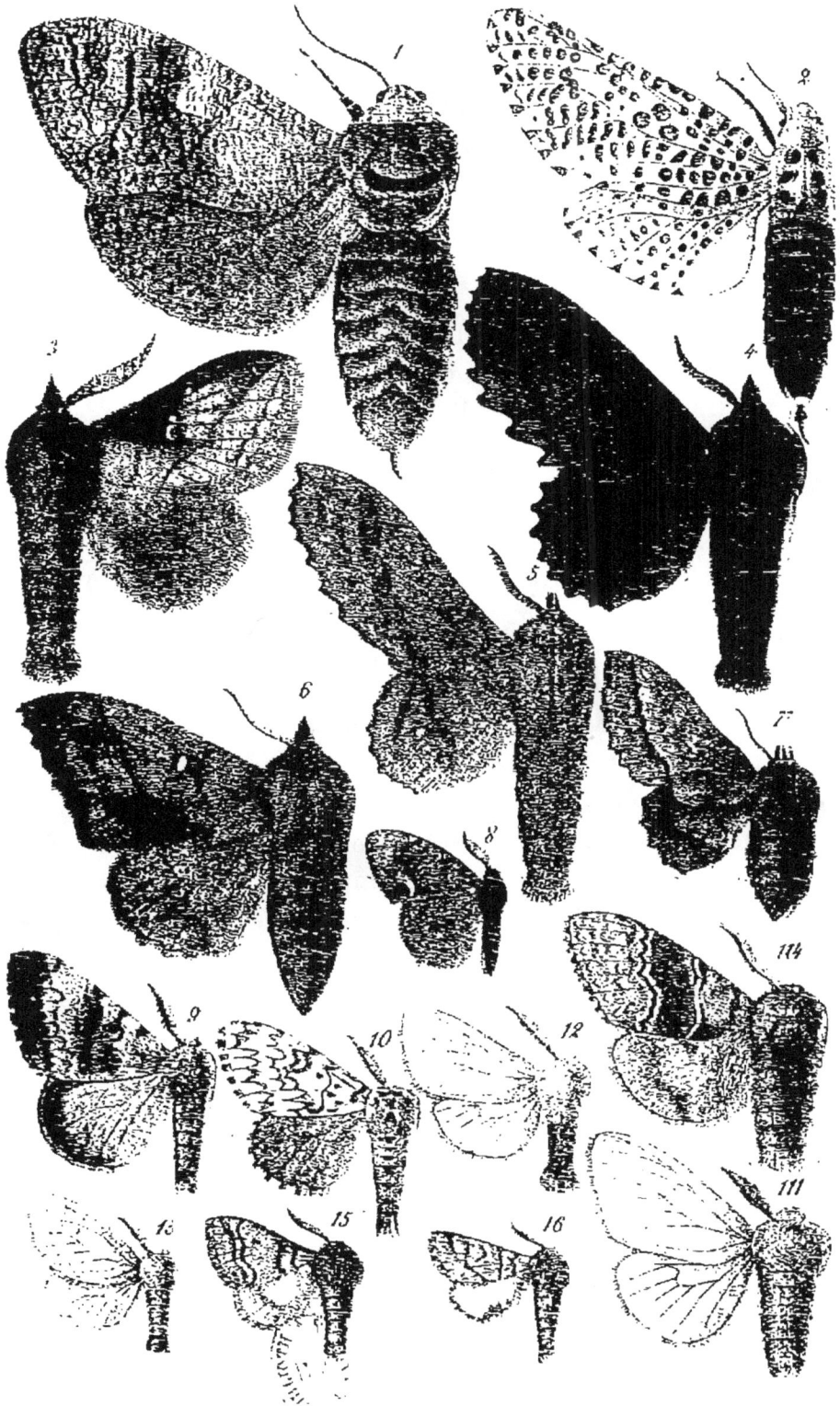

PLANCHE XIII

BOMBYCIDES

			Pages.
Fig. 1.	Cossus.	Ligniperda.	87
2.	Zeuzera.	Æsculi.	88
3.	Lasiocampa.	Potatoria.	98
4.	»	Quercifolia.	96
5.	»	Populifolia.	97
6.	»	Pruni.	97
7.	»	Betulifolia.	97
8.	Orgyia.	Antiqua.	89
9.	Liparis.	Dispar.	89
10.	»	Monacha.	90
11.	»	Salicis.	90
12.	»	Chrysorrhæa.	90
13.	»	Auriflua.	91
14.	Dasychira.	Pudibunda.	91
15.	Cnethocampa.	Processionnea.	92
16.	»	Pityocampa.	93

PLANCHE XIV

BOMBYCIDES

			Pages.
Fig. 1.	Bombyx.	Quercus.	93
2.	»	Rubi.	94
3.	»	Trifolii.	94
4.	»	Neustria.	95
5.	»	Castrensis.	95
6.	Endromis.	Versicolora.	100
7.	Aglia.	Tau.	101
8.	Hybocampa.	Milhauseri.	105
9.	Saturnia.	Pavonia.	100
10.	»	Pyri.	100
11.	Harpyia.	Erminea.	103

———

PLANCHE XV

BOMBYCIDES

			Pages.
Fig. 1.	Harpyia.	Vinula.	102
2.	»	Furcula.	103
3.	Stauropus.	Fagi.	104
4.	Notodonta.	Dictæa.	106
5.	»	Zigzag.	106
6.	»	Dromedarius.	107
7.	»	Tritophus.	107
8.	»	Tremula.	108
9.	Lophopterix.	Camelina.	108
10.	»	Cucullina.	109
11.	Pterostoma.	Palpina.	109
12.	Diloba.	Cœruleocephala.	110
13.	Pygæra.	Bucephala.	111
14.	Thyatyra.	Batis.	111
15.	Cymatophora.	Flavicornis.	112
16.	»	Ocularis.	112
17.	»	Or.	113
18.	»	Ridens.	113

PLANCHE XVI

NOCTUELLES

			Pages.
Fig. 1.	Bryophila.	Algæ.	115
2.	»	Perla.	116
3.	»	Glandifera.	116
4.	Diphtera.	Orion.	117
5.	Acronycta.	Psi.	118
6.	»	Tridens.	118
7.	»	Aceris.	118
8.	»	Megacephala.	119
9.	»	Rumicis.	119
10	Leucania.	Pallens.	120
11	»	L. album.	120
12	»	Lithargyria.	121
13	»	Albipuncta.	121
14	»	Turca.	122
15	Nonagria.	Typhæ.	123
16		Geminipuncta.	123
17	Gortyna.	Flavago.	124
18	Hydrœcia.	Nictitans.	124
19	Axilia.	Putris.	125
20	Xylophasia.	Polyodon.	125
21	Dypterygia.	Pinastri.	126
22	Mamestra	Brassicæ.	127
23	»	Persicariæ.	127
24	Agrotis.	Flavis.	128
25	»	Exclamationis.	129
26	»	Suffusa.	129
27	»	Tritici.	129
28	»	Porphyrea.	130

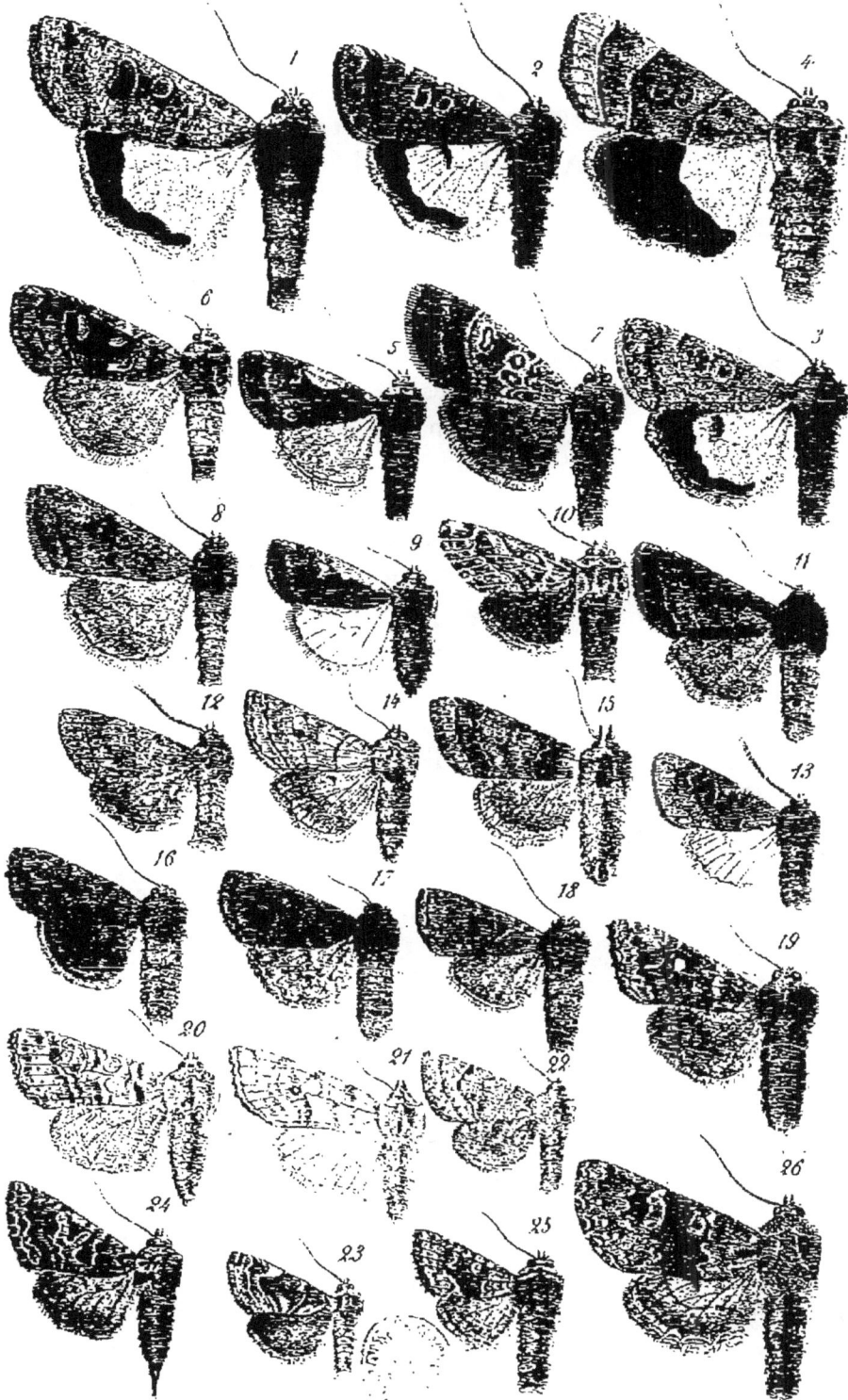

PLANCHE XVII

Noctuelles

			Pages.
Fig. 1.	Triphæna.	Pronuba.	130
2.	»	Comes.	131
3.	»	Orbona.	131
4.	»	Fimbria.	131
5.	Noctua.	C. nigrum.	132
6.	»	Tristigma.	132
7.	»	Rhomboidea.	133
8.	»	Baja.	133
9.	»	Plecta.	133
10.	Trachea.	Piniperda.	134
11.	Tæniocampa.	Incerta.	134
12.	»	Stabilis.	135
13.	»	Miniosa.	135
14.	Orthosia.	Lota.	136
15.	»	Rufina.	136
16.	Cerastis.	Vaccinii.	137
17.	»	Polita.	137
18.	»	Silene.	137
19.	Scopelosoma.	Satellitia.	138
20.	Xanthia.	Gilvago.	139
21.	»	Fulvago.	139
22.	Cosmia.	Trapezina.	140
23.	»	Diffinis.	140
24.	Dianthœcia.	Capsincola.	141
25.	Hecatera.	Serena.	141
26.	Polia.	Flavicincta.	142

PLANCHE XVIII

Noctuelles

			Pages.
Fig. 1.	Niselia.	Oxyacanthæ.	143
2.	Agriopsis.	Aprilina.	143
3.	Phlogophora.	Meticulosa.	144
4.	Aplecta.	Herbida.	144
5.	Hadena.	Protea.	145
6.	»	Atriplicis.	145
7.	Xylina.	Ornithopus.	146
8.	Calocampa.	Exoleta.	147
9.	Calophasia.	Lunula.	149
10.	Chariclea.	Delphinii.	149
11.	Heliothis.	Dipsacea.	150
12.	Anarta.	Myrtilli.	151
13.	Heliodes.	Tenebrata.	151
14.	Cucullia.	Scrophulariæ.	148
15.	»	Asteris.	148
16.	»	Verbasci.	147
17.	»	Umbratica.	148
18.	Acontia.	Lucida.	151
19.	»	Luctuosa.	152
20.	Bankia.	Bankiana.	152
21.	Agrophila.	Sulphuralis.	152
22.	Plusia.	Chrysitis.	153
23.	»	Gamma.	154
24.	»	Festucæ.	154
25.	Amphipyra.	Pyramidea.	155
26.	»	Tragopogonis.	155
27.	Mania.	Maura.	156

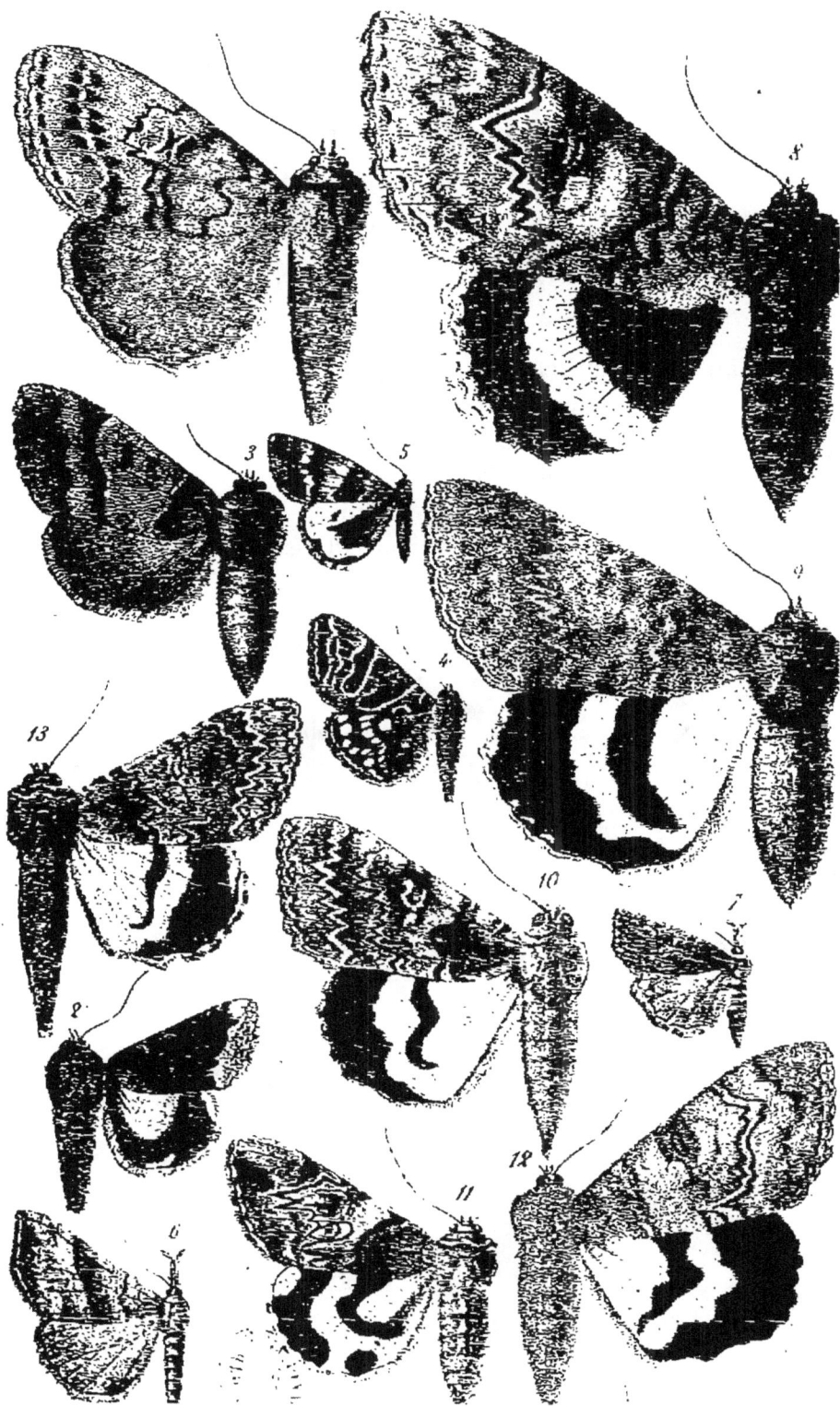

PLANCHE XIX

NOCTUELLES

					Pages.
Fig.	1.	Spintherops.	Spectrum.		156
	2.	Catephia.	Alchymista.		157
	3.	Ophiodes.	Lunaris.		160
	4.	Euclidia.	Mi.		160
	5.	Brephos.	Parthenias.		161
	6.	Hypena.	Proboscidalis.		162
	7.	»	Rostralis.		163
	8.	Catocala.	Fraxini.		158
	9.	»	Elocata.		158
	10.	»	Sponsa.		159
	11.	»	Paranympha.		159
	12.	»	Nupta.		158
	13.	»	Promissa.		159

PLANCHE XX

Phalènes

			Pages.
Fig. 1.	Urapteryx.	Sambucaria.	164
2.	Rumia.	Cratægata.	165
3.	Venilia.	Macularia.	165
4.	Metrocampa.	Margaritaria.	166
5.	Selenia.	Lunaria.	166
6.	»	Tetralunaria.	167
7.	Crocallis.	Elinguaria.	167
8.	Ennomos.	Angularia.	168
9.	Himera.	Pennaria.	168
10.	Phigalia.	Pilosaria (mâle).	169
11.	»	— (femelle).	169
12.	Biston.	Hirtaria.	169
13.	Amphydasis.	Betularia.	170
14.	Boarmia.	Roboraria.	170
15.	Pseudoterpna.	Pruinata.	171
16.	Geometra.	Papilionaria.	171
17.	Ephyra.	Punctaria.	172
18.	»	Annulata.	172
19.	»	Pendularia.	172
20.	Acidalia.	Ochrata.	172
21.	»	Rubiginata.	172
22.	»	Incanaria.	173
23.	Pellonia.	Vibicaria.	173
24.	Cabera.	Pusaria.	173
25.	Strenia.	Clathrata.	174
26.	Fidonia.	Atomaria.	175
27.	»	Piniaria.	175
28.	Lythria..	Purpuraria.	176
29.	Abraxas.	Grossulariata.	176

PLANCHE XXI

PHALÈNES

			Pages.
Fig. 1.	Abraxas.	Sylvata.	176
2.	Lomaspilis.	Marginata.	177
3.	Hybernia.	Leucophœria.	178
4.	»	Defoliaria (mâle).	178
5.	»	» (femelle).	178
6.	Anisopterix.	Æscularia.	179
7.	Cheimatobia.	Brumata (mâle).	179
8.	»	» (femelle).	179
9.	Larentia.	Viridaria.	180
10.	Eupithecia.	Oblongata.	181
11.	»	Linariata.	181
12.	»	Rectangulata.	182
13.	Lobophora.	Hexapterata.	183
14.	»	Sexalata.	183
15.	Thera.	Juniperata.	183
16.	»	Variata.	184
17.	Melanthia.	Albicillata.	184
18.	Melanippe.	Tristata.	185
19.	»	Hastata.	185
20.	»	Fluctuata.	186
21.	Anticlea.	Berberata.	186
22.	»	Badiata.	187
23.	Camptogramma.	Bilineata.	137
24.	Cidaria.	Picata.	188
25.	»	Prunata.	188
26.	Eubolia.	Plumbaria.	189
27.	»	Bipunctaria.	189
28.	Anaitis.	Plagiata.	190
29.	Tanagra.	Atrata.	190

PLANCHE XXII

PYRALES

Fig.		Pages.				Pages.
1. Pyralis. Farinalis.		192	15.	»	Pratellus.	199
2. Aglossa. Pinguinalis.		192	16.	»	Chrysonuchel-	
3.	» Cuprealis.	192			lus.	199
4. Cledeobia. Angustalis.		193	17.	»	Culmellus.	199
5. Pyrausta. Purpuralis.		193	18.	»	Perlellus.	200
6. Ennychia. Octomaculata.		(194	19.	Nephoteryx. Argyrella.		201
7.	» Cingulata.	194	20.	Pempelia. Semirubella.		201
8. Cataclysta. Lemnata.		195	21.	» Ornatella.		201
9. Hydrocampa. Nymphœa.		195	22.	Acrobasis. Consociella.		202
10. Botys. Repandalis.		196	23.	» Tumidella.		202
11. » Ruralis.		196	24.	Myelois. Cribrum.		203
12. » Urticata.		197	25.	Ephestia. Elutella.		203
13. Pionea. Forficalis.		197	26.	Galleria. Mellonella.		204
14. Crambus. Pascuellus.		198	27.	» Grisella.		204

MICROLÉPIDOPTÈRES

28. Tinea. Tapezella.	207	35. Elachysta. Amyotella,		209	
29. » Pellionella.	207	36. Ornin. Struthionipen-			
30. Palpula. Ericella.	207		nella.	209	
31. Anacampsis. Populella.	208	37. Gracillaria. Hilaripennella.		209	
32. Adela. Degeerella.	208	38. Pterophorus. Pentadac-			
33. » Reaumurella.	208		tylus.	210	
34. OEcophora. Pruniella.	208	39. Orneodes. Hexadactylus.		210	

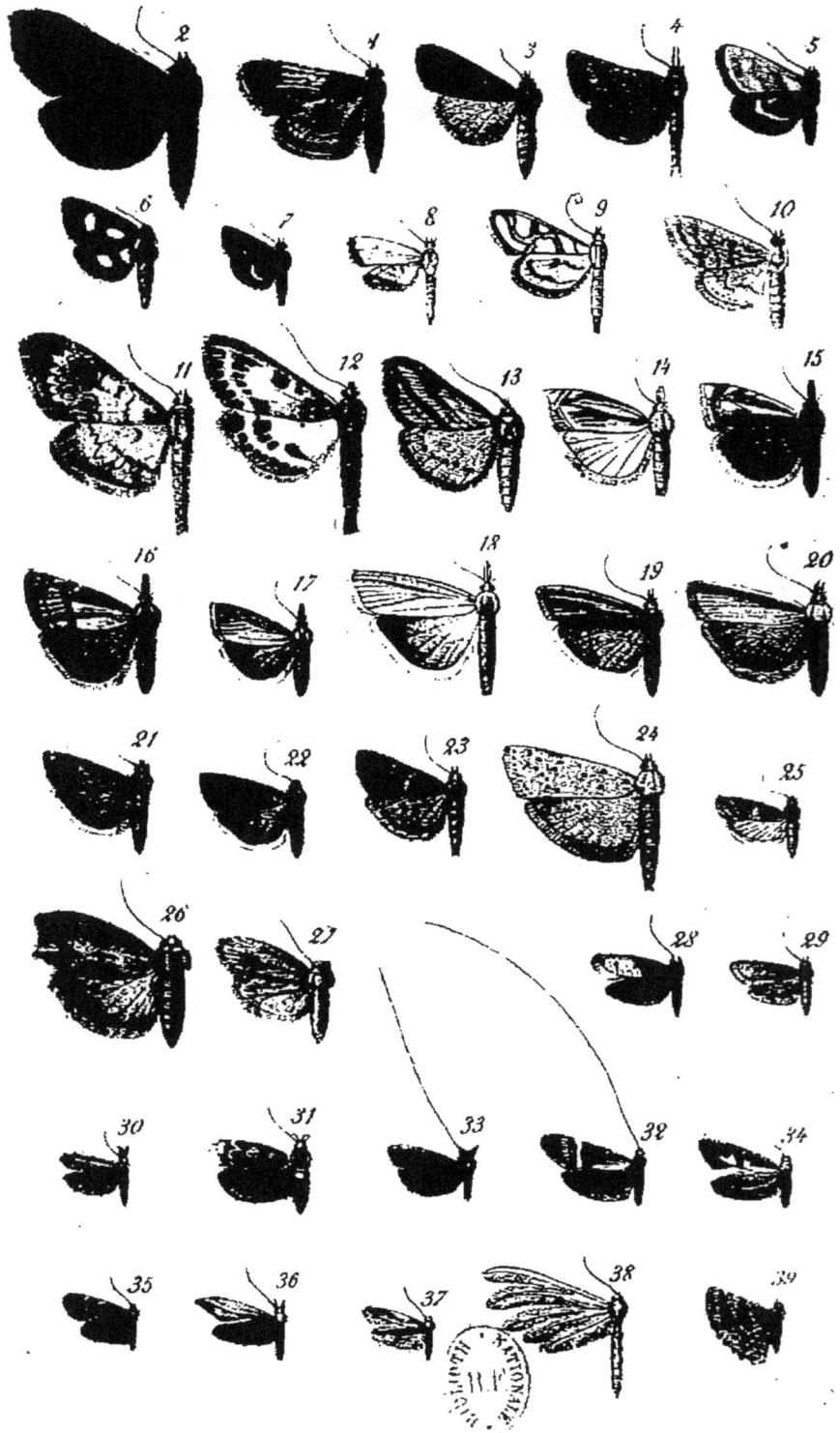

PLANCHE XXIV

TYPES DE CHENILLES DES PRINCIPAUX GENRES

		Pages.
Fig. 1.	Chelonia caja.	84
2.	Catocala fraxini.	158
3.	Spintherops spectrum.	157
4.	Urapteryx sambucaria.	165
5.	Harpia erminea.	103
6.	Cucullia scrophulariæ.	148
7.	Acronycta aceris.	119
8.	Lithosia complana.	78
9.	Smerinthus populi.	66
10.	Stauropus fagi.	103
11.	Deilephila elpenor.	62
12.	Lasiocampa potatoria.	98
13.	Cerastis vaccinii.	137
14.	Chariclea delphini.	150
15.	Liparis dispar.	90
16.	Callimorpha dominula.	83

ERRATA. Sur le texte, la figure de la lithosia complana est indiquée fig. 24, c'est fig. 8 qu'il faut lire.

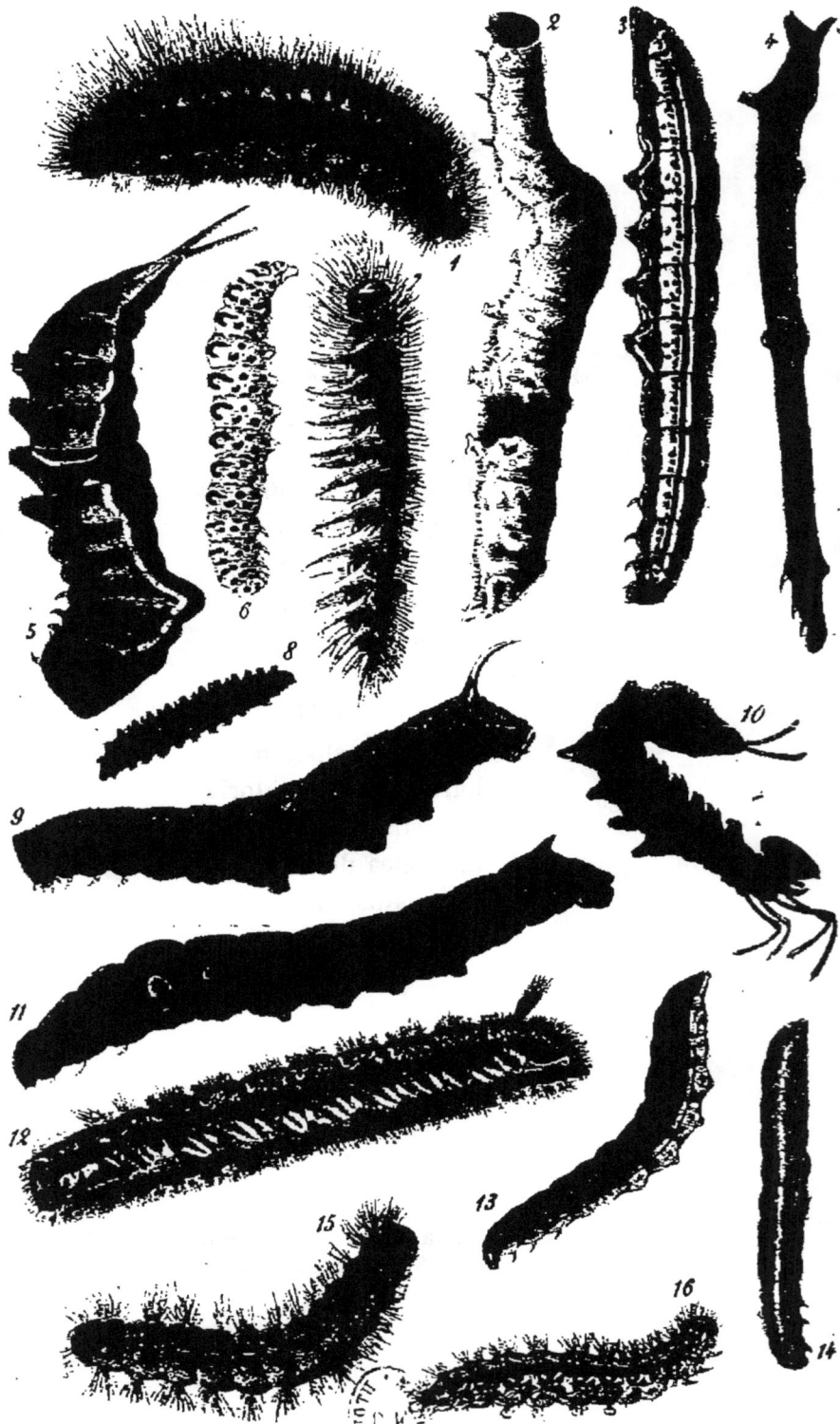

Pl.24

PLANCHE XXVI

PAPILLONS PRODUISANT DE LA SOIE

	Pages.
Fig. 1. Saturnia Pernyi.	2183
2. Saturnia Yama-maï.	2188